HERDER / SPEKTRUM *MEISTERDENKER*

HERDER / SPEKTRUM

Das Buch

„Und sie bewegt sich doch", durch diesen Satz wurde Galileo Galilei weltberühmt. Er revolutionierte das Weltbild und wurde in einem aufsehenerregenden Prozeß verurteilt. Seine Methode war von überwältigender Bedeutung für die Entwicklung der modernen Physik und führte zum endgültigen Scheideweg von Wissenschaft und Philosophie. In dieser aufsehenerregenden Neuinterpretation der Quellen entwickelt Stillman Drake die These, daß auslösend für Galileis Prozeß und seine Verurteilung durch die Inquisition nicht etwa sein Widerstand gegen die Kirche, sondern die Anfeindungen zeitgenössischer Philosophen waren. Galileis eigene, bewundernswert klare Argumente werden herangezogen, um zu zeigen, wie seine wissenschaftliche Methode vollständig vom aristotelischen Ansatz in der Physik losgelöst wurde, obwohl sie bei ihrer Suche nach Gesetzen und nicht nach Ursachen aus eben diesem Ansatz hervorgegangen war. „Anregend und sehr überzeugend", so die angesehene Fachzeitschrift *Theology.*

Der Autor

Stillman Drake lehrte als Professor für Wissenschaftsgeschichte an der University of Toronto und ist Autor des Buches *Galileo At Work: His Scientific Biography* (1978). Zu seinen Übersetzungen von Galileos wissenschaftlichen Werken zählen *Cause, Experiment, and Science* (1981) und *Telescopes, Tides, and Tactics* (1983).

Stillman Drake

Galilei

Aus dem Englischen
von Bernardin Schellenberger

Herder
Freiburg · Basel · Wien

Wissenschaftliche Beratung dieses Bandes:
Prof. Dr. Franz Josef Wetz

Dieser Band, zuerst auf englisch publiziert, erscheint mit freundlicher Genehmigung von Oxford University Press.

Deutsche Erstausgabe

Genehmigte Lizenzausgabe Panorama Verlag, Wiesbaden
Lektorat: Lukas Trabert
Satz: DTP-Studio Helmut Quilitz, Denzlingen
Druck und Bindung: GGP Media, Pößneck
Umschlaggestaltung: Joseph Pölzelbauer
Umschlagmotiv: Gemälde von Justus Sustermans, 1636, Florenz, Uffizien. Bildarchiv Herder
ISBN 3-926642-38-6

Inhalt

Vorwort 9
Siglen 13

1. Einführung 15
2. Hintergründe 25
3. Die frühen Jahre 43
4. Konflikte mit den Philosophen 67
5. Konflikte mit Astronomen und Theologen 89
6. Der *Dialog* und die Inquisition 117
7. Die letzten Jahre 127

Literaturhinweise zum Weiterlesen 149
Index 153

Zur Erinnerung an
Bryant S. Drake, Chemotechniker
Raymond C. Brooks, Pastor

Vorwort

Nachdem sein ganzes Leben der wissenschaftlichen Forschung gegolten hatte, wurde Galilei schließlich zum Schweigen gebracht und bestraft. Das war ein Ereignis von großer Bedeutung für unsere Kulturgeschichte, für dessen tieferes Verständnis es viel mehr bedarf als der Kenntnis des unvermeidlichen Konflikts zwischen Wissenschaft und Religion – einem Klischee, das größtenteils durch den Fall Galilei entstanden ist und mit dem dieser gewöhnlich umfassend erklärt wird. Existierte irgendeine einfache Erklärung, dann läge sie wohl in den Worten einer gesellschaftlichen Autorität vor, welche die Meinung einer Minderheit mit der bekannten Unbarmherzigkeit unterdrückt; im Falle Galileis wäre dies die Sprache des christlichen Aristotelismus. Um Galileis Schicksal zu verstehen, benötigt man das Wissen um Ereignisse aus seinem gesamten Werdegang, verbunden mit der Idee, daß es sich um ein unabwendbares Geschehen handelt – so wie die Autoren der klassischen griechischen Tragödie den Zuschauern in ihrem Schauspiel einen tieferen Sinn darboten, der den Personen im Stück verborgen war.

Die Zuschauer wurden auf dem laufenden gehalten durch den Chor, dessen Rolle ich hier spiele; in einem kurzen Buch ist es nicht möglich, sich detailliert mit mehr als einem Ausschnitt aus Galileis umfangreichem Lebenswerk zu befassen. Als Brennpunkt habe ich Galileis Verurteilung durch die römische Inquisition im Jahre 1633 gewählt, mit seiner Biographie als Hintergrund. Natürlich bedeutet eine solche Auswahl eine bestimmte Begrenzung. Es bleibt kein Platz, um Aussagen über Einzelheiten der wissenschaftlichen Leistung Galileis zu belegen, auch wenn sie von der zur Zeit gängigen Forschungsmeinung abweichen; alles, was ich hier tun kann, ist, dem Leser zu versichern, daß diesen Aussagen mehr Quellenmaterial zugrunde liegt, als es sich in allgemeinen Darstellungen der Wissenschaftsgeschichte findet.

Galileis späterer Einfluß auf die Wissenschaft und seine geistigen Wurzeln – sein Verhältnis zur Philosophie und die Anleihen bei der mittelalterlichen Wissenschaft – sind zweifellos für alle, die sich mit Wissenschaftsphilosophie und Ideengeschichte beschäftigen, von großem Interesse. Sich eingehender mit biographischen Bezügen zu befassen, würde jedoch die Darstellung unterbrechen und den Zusammenhang zerstören. Dementsprechend werde ich in diesem Buch diese Bereiche lediglich in solch einem Umfang berühren, wie ich es für den Leser für sinnvoll empfinde oder eben notwendig, um meine persönliche Sicht von Galileis Wissenschaft und deren Beziehung zur Philosophie darzulegen.

Galileis Wissenschaft war nicht etwa die von Descartes oder Newton – diesen beiden großen Denkern, die den stärksten Einfluß auf die Entwicklung der Wissenschaften nach seinem Tod hatten. Ebensowenig entsprachen seine wissenschaftlichen Abhandlungen den Lehren, die zu seiner Zeit an den Universitäten vorherrschten. Während diese sich größtenteils aus der Naturphilosophie Aristoteles' ableiteten, gründete Galileis Physik auf seinen eigenen Messungen, die ihn durch Scharfsinn und Genauigkeit zu seinem Gesetz des freien Falls führten. Das war mehr als nur ein mittelalterlicher Versuch, die Gesetzmäßigkeiten der Bewegung zu verstehen. Ebensowenig waren seine Messungen philosophisch motiviert, denn die Naturphilosophie erforschte die Ursachen und nicht die (Natur-)Gesetze; und Ursachen werden nicht durch Messungen, sondern durch Nachdenken enthüllt. So fragte 1605 Galilei: „Was hat die Philosophie damit zu tun, irgend etwas nachzumessen?"

Seine Untersuchungen waren mehr wissenschaftlich als philosophisch, denn Messungen gelten immer bloß annäherungsweise, werden die Instrumente und Verfahren auch noch so verfeinert. Philosophen suchen nach sicherem Wissen und nicht nach Annäherungen, die stets exakter werden und so den Forscher zufriedenstellen. Als Galilei mit seinen physikalischen Messungen begann, da legte er zeitweilig die Philosophie beiseite; und als ihn schließlich die Meßergebnisse zu Naturgesetzen führten, verlor er das Interesse an den Ursachen. So verschob er auf unbestimmte Zeit die Rückkehr zum philosophischen Diskurs.

Eine durch Messungen gefundene Gesetzmäßigkeit zeigt sich notwendigerweise in mathematischer Form. Mit Hilfe von Verhältnisgleichungen lassen sich weitere Ergebnisse mathematisch ausdrücken, und diese wiederum können durch Meßergebnisse bestätigt werden. Konsequenterweise betrachtet Galilei die Mathematik als die wesentliche Disziplin für die Physik – jedoch nicht, weil die künstlichen mathematischen Papierwelten interessanter wären als die erfahrbare Umwelt, sondern weil die Sprache der Mathematik es ihm erlaubte, dieses „großartige Buch der Natur" zu lesen, wie er es nannte.

Meine Absicht ist es, in der hier gebotenen Kürze den Verlauf der Gedanken Galileis und die gegen sie vorgebrachten Einwände darzustellen, denen zu entgegnen er bemüht war, so gut er konnte. Ich werde viele Stellen aus seinen Büchern in deutscher Übersetzung zitieren. Um überflüssige Fußnoten zu vermeiden, folgt jedem Zitat eine Abkürzung mit Seitenzahl, die sich auf eines der Bücher auf der folgenden Seite bezieht.

Siglen

D	Galileo, Dialogue Concerning the Two Chief World Systems (University of California Press, Berkeley 1953, rev. 1967)
D&O	S. Drake, Discoveries and Opinions of Galileo (Teilübersetzung von Sidereus nuncius; Doubleday & Co., New York 1957)
GW	S. Drake, Galileo At Work. His Scientific Biography (University of Chicago Press, Chicago 1978)
L	B. Dibner and S. Drake, A Letter from Galileo (Burndy Library, Norwalk, Conn. 1967)
OP	A. Favaro (ed.), Opere di Galileo (G. Barbera, Florenz 1890–1910)
PLG	[M. Allan-Olney], The Private Life of Galileo (Macmillan, London 1870)
TNS	Galileo, Two New Sciences (Übersetzung von: Discorsi … intorno a due nuove scienze; University of Wisconsin, Madison 1974)

Deutsche Übersetzungen der Werke Galileis finden sich in den „Literaturhinweisen" auf S. 149.

1. Einführung

Die frühesten Erläuterungen über den Menschen und sein Universum scheinen der Religion zu entstammen. Die Philosophie trat in der westlichen Hemisphäre auf jeden Fall erst später auf die Bühne, gefolgt zuletzt von der Wissenschaft. Folglich sollte die Philosophie durch die Religion gelenkt werden, während sie ihrerseits die Wissenschaft lenken sollte. In diesem Bezugsrahmen bewegte sich die europäische Kultur seit der Erneuerung des Denkens im zwölften Jahrhundert bis zur Zeit Galileis.

Seine Bedeutung für das Erstarken und die Ausbildung der modernen Wissenschaft beruht teilweise auf seinen Entdeckungen und Gedanken in der Physik, speziell der Astronomie, aber stärker noch in seiner Weigerung, die Wissenschaften weiterhin unter die Vormundschaft der Philosophie zu stellen. Indem er die Autorität von Philosophen, die schon lange etabliert waren, anzweifelte, brachte er sie dazu, sich aus der Bibel Rat und Unterstützung zu holen. So entbrannte der Kampf um die Freiheit wissenschaftlicher Forschung, der weitreichende Folgen für die Entwicklung unserer modernen Gesellschaft hatte.

Galileis Rolle in diesem Kampf – so meint man meist – sei die gewesen, daß er den religiösen Glauben im Namen der Wissenschaft trotzig herausforderte. Das jedoch war auf keinen Fall seine Absicht, obwohl es natürlich stimmt, daß die Theologen dazu übergingen, Galileis Wissenschaft im Keim zu ersticken, was wiederum anfangs vermutlich noch gar nicht ihr Ziel war. Seine Forschungen führten nur indirekt zu dem berühmten Ereignis, auf das ich mit diesem Buch – so hoffe ich – neues Licht werfen kann:

das Gerichtsverfahren und die Verurteilung durch die römische Inquisition im Jahre 1633.

Hervorragende Gelehrte in ganz Europa haben den Fall über ein Jahrhundert untersucht, ohne Einstimmigkeit darüber zu erzielen. Viele von ihnen schlossen sich entweder dem Lager der Wissenschaft oder dem des Glaubens an – vielleicht deshalb, weil es in einem derartigen Gerichtsverfahren eben nur zwei Urteile geben kann: „schuldig“ oder „nicht schuldig“. In solcher Situation ist man versucht, sich auf eine Seite zu schlagen – trotz der anhaltenden Verwirrung. Es wurde viel dafür getan, das Ausmaß und die Ernsthaftigkeit dieser Verwirrung zu verringern – und das mit wachsendem gegenseitigen Respekt zwischen den führenden Vertretern aus den religiösen wie den wissenschaftlichen Reihen. Nur durch ein Überdenken aller Möglichkeiten gibt es die reale Chance, in einer komplexen Situation die historische Wahrheit zu finden. Jede neue Hypothese verändert nachhaltig das Gleichgewicht der Wahrscheinlichkeit. Dadurch, daß ich gegenüber den mir bisher bekannten Positionen eine neue einnehme, will ich andere oder abweichende Lösungsmöglichkeiten für dieses schwierige Problem nicht herabsetzen. Vielmehr will ich ein Modell anbieten, das – wie befremdlich es auf den ersten Blick auch scheinen mag – vielleicht alte Unklarheiten beseitigt, ohne neue zu schaffen.

Dies passiert in der Wissenschaft oft: Und ein treffliches Beispiel dafür ist gerade die Hypothese, die den Streit auslöste, in den Galilei verwickelt war. Denn als Kopernikus seine These aussprach, daß die Sonne still steht und die Erde sich dreht, konnten die Astronomen schon lange die Positionen von Planeten so genau berechnen wie Kopernikus. Sie hatten allerdings einige äußerst verwirrende Ideen akzeptiert, wie zum Beispiel die augenscheinliche Abhängigkeit der Bewegungen der inneren Planeten (Merkur und Venus) von der Sonne oder das Verharren und die Bewegung der sechs äußeren Planeten, sobald sie der Sonne gegenüberstehen. Die kopernikanische Hypothese löste nicht alle Probleme der

Astronomie. Dennoch brachte sie Licht in alte Rätsel, welche die Aufmerksamkeit von dem abgelenkt hatten, was man als ernsthafte Astronomie betrachten kann. Trotz allem hielt man Kopernikus' Theorie für wirklichkeitsfremd, da ja jedermann *sehen* konnte, daß sich die Erde nicht bewegt.

Ebenso mögen meine Gedanken über den Fall Galileis anfangs höchst unwahrscheinlich klingen. Galilei war kein eifriger Verfechter der kopernikanischen Astronomie, sondern ihm lag an der Zukunft der katholischen Kirche und am Schutz des Glaubens gegen *jegliche* wissenschaftliche Entdeckung, die vielleicht gemacht werden konnte. Denjenigen, die das für undenkbar halten, kann ich hier bloß sagen, daß jeder, der auch nur bereit ist, dies zunächst als Gedankenspiel zu akzeptieren, durch weiteres Lesen erkennen wird, wie viele alte Probleme sich dadurch in Nichts auflösen. So berichtet uns Galilei von einem bestimmten Professor in Pisa, Antonio Santucci, der ursprünglich Kopernikus' Thesen studierte, um sie zu widerlegen, dann aber in Kopernikus' Lager überwechselte. Das gleiche war wahrscheinlich Galilei früher schon selbst widerfahren, denn wie wir alle wissen, wird niemand geboren und glaubt sogleich an die Bewegung der Erde. Nichtsdestoweniger gibt es die weitverbreitete Annahme, Galilei habe – ohne angemessene wissenschaftliche Beweise – zeitlebens für das kopernikanische System gekämpft. Wäre dies wirklich so, wäre freilich sein vorsichtiges Herantasten an andere wissenschaftliche Problemfelder schwer zu verstehen. Noch schwieriger zu erklären wäre dann die Tatsache, daß er seine Vorliebe für die kopernikanische Astronomie zum erstenmal erwähnte, als er schon über dreißig war; und auch danach blieb er ein weiteres Jahrzehnt darüber stumm. Er war beinahe fünfzig, als er seine Unterstützung für das neue System veröffentlichte, und er hatte mittlerweile sowohl in der Physik als auch in der Astronomie ein hartes Stück Arbeit bewältigt. Wer glaubt, Galilei sei ein kopernikanischer Fanatiker gewesen, der kennt nicht „seine wissenschaftliche Persönlichkeit", wie Leonardo Olschki es nennt.

Das Bild von Galileis Persönlichkeit, das sich in seiner Korrespondenz und aus den Veröffentlichungen über viele Jahre zeigt, ist folgendes: Er war ein kluger und vorsichtiger Mann, der keine Schlußfolgerungen zog, ohne die Argumente für beide Seiten abzuwägen. Er war sich der gesellschaftlichen Gepflogenheiten wohl bewußt und stets gegen einen Streit mit hohen Persönlichkeiten von Kirche und Staat. Die meisten seiner Auseinandersetzungen wurden durch Dritte begonnen, die seine konstruktiven Ansichten kritisierten, nicht jedoch anders herum; auf die meisten derartigen Angriffe reagierte er sogar nicht einmal. Nun ist es dennoch denkbar, daß ein Mann mit fünfzig Jahren schließlich doch noch ein unvernünftiger Verfechter einer Sache wird, ohne davor sich etwas anmerken zu lassen; dies wäre aber höchst ungewöhnlich für einen Menschen, der Freundschaften zu etlichen Personen mit guter Allgemeinbildung, gesunder Urteilskraft und verschiedenen Geistesrichtungen und Denkhintergründen pflegte.

Die gängige Vermutung, Galilei sei dennoch ein fanatischer Anhänger Kopernikus' gewesen, gipfelt in gegensätzlichen Bildern seines Charakters und seiner Person. Ich behaupte nicht, dies sei ein Zeichen für deren Falschheit, obwohl in der Logik nur falsche Annahmen zu einander ausschließenden Schlußfolgerungen führen. Einerseits war Galilei ein intuitives wissenschaftliches Genie, das – ohne genügend Beweise – gegen eine Tradition ankämpfte, die sich gegen alle besseren Argumente sperrte. Andererseits war er angeblich ein verantwortungsloser Unruhestifter, der die wahrhafte Wissenschaft angriff, weil er die Mächte verspottete, die verantwortlich für die soziale Ordnung waren. Mindestens eines dieser Bilder muß falsch sein und sollte darum aufgegeben werden; ich persönlich glaube, man sollte alle beide aufgeben. Anstatt Galileis Persönlichkeit aus der Konfrontation mit der Inquisition deuten zu wollen, sollten wir sie unabhängig davon studieren. Dadurch dürfte auch dieser Konflikt in einem neuen Licht erscheinen. Es gibt genügend beeindruckende Dokumente, in denen man Galileis Einstellungen und Charakterzüge erkennen und ablesen kann, da sie über seine Worte und Taten in ganz verschiedenen Angelegenheiten Zeugnis ablegen. Schließlich sind die meisten Leute recht geschickt, wenn es darum geht, den persönlichen Charakter anderer einzuschätzen – oder zumindest irrationale Fanatiker von Menschen mit gesundem Menschenverstand zu unterscheiden.

Vielleicht glaubt man, es sei unwissenschaftlich, verschiedene Hypothesen über die Gerichtsverhandlung Galileis abzuwägen und daraus Schlüsse auf seine Persönlichkeit zu ziehen. Denn das so gewonnene Bild könnte für die wissenschaftliche Forschung zu subjektiv sein. Zumindest einige betrachten Galilei eher als eine Marionette starker sozialer und intellektueller Kräfte denn als einen selbständig denkenden Menschen oder als jemanden, der eigene Wege jenseits einer schwer nachvollziehbaren Philosophie geht. Ich sage nicht, daß es ein objektives Bild über diese Persönlichkeit gibt. Dennoch ist sie für sich ein seriöser wissenschaftlicher Gegenstand, genau wie die katholische Kirche, über die bereits viele Wissenschaftler unzählige Studien geschrieben haben. Meiner Meinung nach setzte sich die Institution der katholischen Kirche aus vielen verschiedenen Individuen zusammen, die alle so komplex waren wie Galilei. So lehnten es drei von zehn verantwortlichen Kardinälen ab, den Urteilsspruch gegen Galilei zu unterzeichnen. Und ein Erzbischof lud ihn sogar während der Streitigkeiten ein, sein Gast zu sein, wenn die Verhandlung abgeschlossen wäre, und schützte Galileis Leib und Leben direkt nach dem Urteilsspruch. Jeder in der damaligen katholischen Kirche, mit dessen Schriften und Taten ich vertraut bin, ist für mich eine genauso schwierige Persönlichkeit wie Galilei. Allerdings liegt die katholische Kirche als Ganzes, damals wie heute, völlig außerhalb meines Verständnishorizontes. Ihre Beständigkeit scheint mir das verblüffendste gesellschaftliche Phänomen zu sein, das existiert, und daher weitaus schwieriger zu ergründen als die Person Galilei.

Der Persönlichkeit eines einzelnen widmen vor allem die ihre besondere Aufmerksamkeit, die sich durch sein Verhalten gefährdet fühlen könnten. Zwei größere italienische Universitäten und zwei toskanische Großherzöge setzten ihr Vertrauen über Jahre hinweg in Galilei, und das Vertrauen von Universitäten und Staatsmännern war nie leicht zu gewinnen, besonders in Italien. Er wurde von seinen Dienstherren ganz sicher nicht als Unruhestifter betrachtet, obwohl jeder wußte, daß er eine starke Kämpfernatur war. Ihr Urteil, daß Galilei nur für eine gerechte Sache kämpfte, war die Voraussetzung für seine Anstellung bei ihnen. Auch dies trägt zu unserem Wissen über seine Persönlichkeit bei.

Das ausführliche Studium von Galileis Schriften hat mich davon überzeugt, daß er seine Worte sorgfältig wählte; sie spiegeln seine ehrlichen Überzeugungen wider. In einem Punkt jedoch war ich zurückhaltend mit meinem Urteil: Im damaligen wie im heutigen italienischen Sprachgebrauch benutzt man höfliche Redensarten und einige Arten der Übertreibung, die einst auch in anderen europäischen Ländern zum guten Ton gehörten und die unter Umständen als unaufrichtig gelesen werden könnten. Ebenso gehört zum Katholizismus eine ehrerbietige Sprache gegenüber den Lehren und kirchlichen Würdenträgern, die nicht immer den wahren Gefühlen entsprochen haben mag. Ich versuchte deshalb, den Fehler zu vermeiden, die höflichen Redewendungen in Galileis Sprachgebrauch für tief empfundene Äußerungen zu halten. Aus diesem Grund blieb ich lange unbeeindruckt und sogar gleichgültig gegen Galileis häufig begeisterte Bekenntnisse für die Kirche. Er scheint niemals den Ausdruck „sich ereifern" benutzt zu haben außer in diesem Zusammenhang. Es ist ein starkes und selten gebrauchtes Wort und erscheint meist nur in zwei Zusammenhängen: als Ausdruck einer tief empfundenen Hingabe an eine Sache oder als Ablenkungsmanöver von jemand, der – weit davon entfernt, so zu fühlen – den Eindruck erwecken will, daß ihm der Gegenstand seiner Kritik wirklich am Herzen liege.

Als ich das Buch schrieb und einige Sachverhalte noch anders formuliert hatte, kam mir auf einmal der Gedanke zu folgender Hypothese: Hatte sich Galilei vielleicht gar nicht nach den Gepflogenheiten gerichtet? War es nicht vielmehr möglich, daß er einfach nur ehrlich war in seiner Begeisterung für die Kirche? Vielleicht hatte dieser Eifer für den Katholizismus ihn wirklich dazu angetrieben, gewisse Risiken einzugehen, für die er letztlich nicht geehrt, sondern bestraft wurde. Da ich die jeweiligen Dokumente zuvor mehrmals gelesen hatte und mir zugleich Galileis Worte über die betreffenden Ereignisse präsent waren, hatte diese neue Hypothese auf mich eine geradezu elektrisierende Wirkung. Es war so, als ob ein bislang unbeachtetes Dokument plötzlich alte Unklarheiten auflöst. Wenn es Galilei in erster Linie darum ging, seiner Kirche zu dienen und er glaubte, daß sie gerade dabei sei, einen schweren Fehler zu machen, indem sie dem Druck seiner alten Gegner nachgab, dann wäre das Vertrauen des Großherzogs in ihn – gegen den Rat eines erfahrenen Gesandten aus Rom – kein Rätsel mehr. Dann würde Galileis Dienstherr den Fanatismus für die katholische Kirche gutgeheißen haben, wobei er – wie sein Gesandter – die Begeisterung für die Thesen von Kopernikus als irrig und voreilig verurteilt haben dürfte. Daß gleich drei Kardinäle der Inquisition die Verurteilung Galileis ablehnten, schiene höchst merkwürdig – wären sie nicht von seiner tiefen Gläubigkeit überzeugt gewesen. Viele frühere Unklarheiten lösten sich durch die neue Hypothese auf, die der früheren Forschung von katholischer Seite fernlag – immerhin hatte Galilei ein Kirchenedikt mißachtet. Und für diejenigen, die Galilei als nüchternen Wissenschaftler sahen, schien eine tiefe Religiosität nicht in seinem Charakter zu liegen.

Es gibt wenig Grund zu der Hoffnung, daß eines Tages noch irgendein neues Dokument entdeckt wird, das die anderen Galilei-Forscher dazu bewegen wird, ihre Positionen zugunsten meiner Hypothese aufzugeben; so besteht nun für mich die Schwierigkeit darin, alle vorliegenden Dokumente in Einklang zu bringen. Da viele Historiker diese nur aus dem Blickwinkel späterer Ereignisse betrachteten – sie wurden ja erst vor einem Jahrhundert veröffentlicht –, hielten sie viele Äußerungen Galileis für unaufrichtig; das lag zum einen daran, daß der Bruch zwischen Religion und Wissenschaft mittlerweile als Tatsache allgemein anerkannt wurde. Zum anderen beeinflußte die Kontroverse um den Darwinismus, die gerade entbrannt war, als die Gerichtsdokumente über Galileis Verurteilung veröffentlicht wurden, deren geschichtliche Interpretation.

Vor dem Fall Galilei gab es aber diese Kluft zwischen Religion und Wissenschaft oder Philosophie und Wissenschaft noch nicht. Er schuf eine Art von Wissenschaft, die von den Philosophen nicht einfach hingenommen werden konnte. Und auch alle neueren Versuche, aus ihm einen Philosophen zu machen, schlugen bislang fehl. Trotzdem war es nicht Galilei persönlich, der die Kluft zwischen Religion und Wissenschaft entstehen ließ. Er selbst sagt ausdrücklich in seinem *Brief an Christina* zu Beginn der Streitigkeiten um den Kopernikanismus, daß der Bruch durch Philosophieprofessoren erdacht worden sei:

> „Sie waren bestrebt, die Meinung zu verbreiten, daß solche [kopernikanische] Behauptungen im allgemeinen im Widerspruch stehen mit der Bibel, also folglich ketzerisch und zu verdammen sind. Sie wissen, daß es in der menschlichen Natur liegt, Auseinandersetzungen zu haben, wobei einer vielleicht seinen Nächsten unterdrückt, wie ungerechtfertigt das auch sein mag... Darum hatten sie keine Schwierigkeiten, jemanden zu finden, der die Verdammnis und Ketzerei dieser neuen Doktrin auch noch direkt von der Kanzel herab predigt.
>
> Im Gegensatz zu dem, was in der Bibel steht, und der Absicht der Kirchenväter, legen sie – falls ich mich nicht irre – ihre Aussagen allzu frei aus, bis hin zu rein physikalischen Themen, die mit dem Glauben nichts zu tun haben; sie wollen uns allen zusammen den Verstand und die Kraft unserer Sinne absprechen wegen einer Bibelstelle; auf den zweiten Blick jedoch kann der Wortlaut dieser Bibelstelle einen anderen, tieferen Sinn ergeben." (D&O 179)

Galilei machte dem Priester – ein junger dominikanischer Aufwiegler, der hoffte (fälschlich, wie sich herausstellte), so seinen Aufstieg in der Kirche zu beschleunigen –, noch nicht einmal einen Vorwurf daraus, daß er ihn in Florenz von der Kanzel denunziert hatte. Hierfür machte er die menschliche Natur, nicht jedoch die Religion verantwortlich. Denn es waren die Philosophieprofessoren, die den närrischen Priester zu seiner Tat bewegt hatten. Sie legten die Bibel auf ihre Art aus und schufen dadurch eine neue Ketzerei. Galilei spräche sie wohl nicht frei von der Schuld, auf ihre Macht zurückzugreifen, wenn die Vernunft gegen sie stand. Denn ihren eigenen Grundsätzen zufolge sollte die Vernunft in allen Fragen die Oberhand behalten. Galilei klagte die Philosophen an, daß sie eine Schwäche in der menschlichen Natur benutzten und dabei ihren eigenen Prinzipien untreu wurden. Allein die Philosophen waren verantwortlich dafür, daß die Bibel in ihren Streit mit Galilei miteinbezogen wurde, eine Vorgehensweise, die er für pietätlos, ja gottlos hielt.

Es ist seltsam, daß in der enormen Literatur, die infolge der weiteren Ereignisse entstand, Galileis Angriff auf die Philosophieprofessoren nicht einmal erwähnt wurde. Man könnte meinen, sie seien unbeteiligte Zuschauer bei einer Auseinandersetzung gewesen, die sie nicht betraf, oder schlimmstenfalls nicht ernst zu nehmende Reaktionäre, die einige unbedeutende Bücher gegen die neue Wissenschaft Galileis verfaßt hätten. Die Dokumente jedoch belegen, daß Galileis Vorwürfe gerechtfertigt waren: Noch bevor sich irgendein Priester gegen ihn aussprach, hatten seine philosophischen Gegenspieler bereits seine Meinung als nicht mit der Bibel vereinbar erklärt. Sie überlegten sich, einen Priester dafür zu gewinnen, diese Meinung in aller Öffentlichkeit zu verkünden, wofür sie von einem hohen Kirchenmitglied getadelt wurden. Galilei wußte von diesen Machenschaften und wer die wirklichen Drahtzieher waren, noch bevor er ein Wort über die Beziehung der Wissenschaft zur Religion geschrieben hatte.

2. Hintergründe

Dante nannte Aristoteles „den Meister derer, die wissen". So wurde er seit Thomas von Aquin bis zu Galilei von den Gelehrten gesehen. Wenn jemand den Wunsch hatte zu *wissen,* führte kein Weg am sorgfältigen Textstudium von Aristoteles vorbei; außerdem mußten Kommentare über ihn herangezogen werden, um die Bedeutung schwieriger Passagen zu erfassen; schließlich mußte man Fragen nachgehen, die im Zuge der Rezeption der aristotelischen Werke aufgekommen und diskutiert worden waren. Die Ausbildung an den Universitäten war seit dem dreizehnten Jahrhundert nach diesem Verfahren strukturiert. Da Aristoteles vor Christus gelebt hatte, gestand man ihm bei einigen Themen inhaltliche Verfehlungen zu. Es waren jedoch nicht viele, und die Theologen hatten sie korrigiert und umgeschrieben. Aristoteles wurde üblicherweise als *der* Philosoph bezeichnet, der mit dem Großbuchstaben P geschrieben wurde; alle Wissensgebiete gehörten zur Philosophie, so wie alle Glaubensfragen eine Sache der Heiligen Theologie waren.

Die physikalische Wissenschaft, d.h. das Wissen um die Natur, die griechisch *physis* heißt, wurde als „Naturphilosophie" verstanden. Aristoteles hatte seine Überlegungen dazu in verschiedene Bücher gefaßt, besonders in seine *Physik, Vom Himmel, Meteorologie,* und in seine Werke über die Entstehung und das Vergehen der Dinge. Die Grundlagen der physikalischen Wissenschaft formulierte Aristoteles in seiner *Metaphysik,* nachdem er seine Bücher über die Wissenschaft verfaßt hatte. Denn es wäre nicht angemessen gewesen, die Wissenschaft ihre eigenen Grundsätze festlegen zu lassen, und noch unangemessener, sie auf willkürlichen Prinzipien aufzubauen, die im voraus festgelegt wurden, ohne eine sorgfältige Naturbeobachtung durchgeführt zu haben.

Das allgemeine Modell der aristotelischen Physik und Kosmologie ist den meisten Lesern vermutlich bekannt, und eine kurze Zusammenfassung kann ihr nicht gerecht werden. Dennoch werde ich einen knappen Abriß der gängigen Thesen skizzieren, wie sie zur Zeit Galileis an den Universitäten gelehrt wurden. Damit werden die geistigen Hintergründe für den Widerstand klar, dem er sich gegenüber sah, als er eine neue Vorgehensweise für das Studium der Natur vorschlug.

Ausgangspunkt der aristotelischen Philosophie ist das Verlangen, zu verstehen, warum die Dinge so sind, wie wir sie vorfinden, warum sie nicht anders sein können und warum es das Beste ist, daß sie so sind, wie sie sind. Um diese Notwendigkeit zu verstehen, ist es wesentlich, zu den Ursachen der Dinge vorzudringen und den letzten Zweck hinter all den Naturereignissen zu begreifen. Auf der Arbeit seiner Vorgänger aufbauend, übernahm Aristoteles die vier „Elemente“ als Grundlage – Erde, Luft, Wasser und Feuer – sowie vier Eigenschaften in paarweisen Gegensätzen – heiß und kalt, feucht und trocken –, die mit den Elementen verbunden waren. Er bestimmte die Orte, zu denen die Elemente ihrer Natur nach gehören, sowie die natürlichen Tendenzen von Schwere und Leichtigkeit, durch welche sie immer zu ihrem natürlichen Ausgangsort zurückzukehren versuchen, wenn sie von dort wegbewegt werden. Außerdem stellte er logische Gesetze auf, durch welche die Ursachen für die Wirkungen, die wir in der Natur wahrnehmen, festgestellt werden können. Diese Ursachen werden uns nur durch die Vernunft verständlich; sie sind durch die Sinne nicht direkt zu erkennen. Er betrachtete Stoffursache, Formursache, Wirk- und Zweckursache als die bestimmenden Naturkräfte. Das Wesen der Dinge wird durch ihre Definition erfaßt und von ihnen zufällig anhaftenden Eigenschaften unterschieden, die sie nur unter bestimmten Umständen aufweisen. Die Naturphilosophie besteht folglich aus Ursachenerklärungen von beobachteten Naturphänomenen innerhalb eines logischen und vorgeordneten Programms.

Die aristotelische Physik beschäftigte sich primär mit der Veränderung, die als die grundlegendste Eigenschaft der Natur betrachtet wurde; es hieß, wer dem Wandel gegenüber ignorant sei, sei es auch gegen die Natur. Der Begriff, den Aristoteles für Veränderung benutzte, wurde lateinisch mit „motio" übersetzt. Die Bedeutung dieses Begriffes wurde im Laufe der Zeit auf das beschränkt, was Aristoteles „Fortbewegung" nannte – einem Wechsel des Ortes unter Berücksichtigung der Zeit. Die Fortbewegung hielt er für logisch grundlegender als die anderen Arten des Wechsels, d.h., sie ist an ihnen ständig beteiligt oder in ihnen enthalten; er beschäftigte sich in seiner Physik jedoch nicht ausschließlich mit ihr. Der Wechsel der Eigenschaften – z.B. durch langsames Wachstum oder der Farbwechsel von Eisen, das, wenn es erhitzt wird, seine Farbe von braun zu rot, dann zu orange und schließlich zu gelb verändert – war für Aristoteles von ebenso großem Interesse.

Als er sich von der Physik ab- und der Kosmologie zuwandte, trennte Aristoteles die Himmelssphären von den Elementarbestandteilen des Universums; dabei betrachtete er die Erde als dessen Zentrum und das Feuer als die höchste Sphäre, begrenzt durch den Bereich des Mondes. Alles, was nicht aus den vier Elementen zusammengesetzt war, bestand aus einem fünften Stoff, der Quintessenz, die – anders als die anderen Stoffe – keiner Art von Wandel unterlag außer der einheitlichen Fortbewegung in perfekten Kreisbahnen. Die aristotelische Kosmologie scheint sich direkt aus den Vorstellungen Platons entwickelt zu haben, die Eudoxos mathematisch weiterentwickelt hatte. Daher gab es in diesem Bereich auch keine Konflikte zwischen den zwei Philosophien. Die aristotelische Kosmologie überlebte die ptolemäische Astrologie unverändert, obwohl diese exzentrische Planetenumlaufbahnen und epizyklische Bewegungen enthielt, d.h. die Bewegungen eines Kreises, dessen Mittelpunkt auf einem zweiten Kreis liegt. Dadurch waren bereits Zweifel an der ursprünglichen einfachen Vorstellung von einheitlichen Kreisbewegungen um die Erde geweckt. Aristoteles' Vorstellungen überlebten jedoch nicht die kopernikanische Astrologie, welche die Erde selbst in Bewegung versetzte – entgegen den Grundannahmen der aristotelischen Naturphilosophie. Also mußte entweder letztere oder das kopernikanische System aufgegeben oder vollständig überarbeitet werden.

Zwischen 1605 und 1644 erschien in schneller Folge in England, Italien und Frankreich eine Reihe von Büchern, welche die an den Universitäten gelehrte aristotelische Naturphilosophie kritisierten. Die Autoren waren Francis Bacon, Galileo Galilei und René Descartes. Die einzige auffallende Gemeinsamkeit zwischen ihnen war, daß sie die aristotelische Naturphilosophie nicht als seriöse Wissenschaft betrachteten. Natürlich hatte es schon frühere Kritik an Aristoteles und andere Verbesserungsvorschläge für die Wissenschaft gegeben, besonders im sechzehnten Jahrhundert und stärker noch gegen dessen Ende. In Galileis Zeit gab es noch mehr Kritiker, doch für unsere Zwecke hier genügt es, auf eine bedeutende Phase in der europäischen Kulturgeschichte hinzuweisen, in der in drei verschiedenen Ländern drei berühmte Denker in einer einzigen Generation in Erscheinung traten. Jeder von ihnen hatte überzeugende, wenn auch sehr verschiedene Gründe, sich gegen die aristotelische Vorherrschaft in der Wissenschaft zu wenden, die 400 Jahre angehalten hatte.

Da wir uns hier lediglich mit Galilei befassen wollen, ist es angemessen, einen charakteristischen Unterschied gegenüber Bacon und Descartes hervorzuheben. Von beiden Männern sind uns Philosophien überliefert, die heute immer noch als „baconisch" und „kartesianisch" bezeichnet werden. Kaum ein späterer Philosoph oder Philosophiehistoriker in Europa oder Amerika konnte es sich leisten, sie zu übergehen. Bei Galilei hingegen erinnert man sich nur an seine wissenschaftlichen Leistungen. Fast kein neuerer Denker oder Philosophiehistoriker nahm Notiz von ihm, obwohl es verschiedene Naturwissenschaftler und fast alle Wissenschaftshistoriker taten.

Die Epoche der Kulturgeschichte, die durch Bacon, Galilei und Descartes geprägt wurde, wird üblicherweise wissenschaftliche Revolution genannt oder jedenfalls als deren Beginn angesehen. Das siebzehnte Jahrhundert war gekennzeichnet durch das Entstehen der angewandten oder nützlichen Wissenschaften, die sich von jeder Wissenschaft abhoben, die um ihrer selbst willen betrieben wird. Aus der aristotelischen Naturphilosophie war der Aspekt der Nützlichkeit absichtlich ausgeklammert worden. Gegen anwendungsbezogenes, handwerkliches Wissen, das er *techne* nannte, hatte Aristoteles selbstverständlich nichts, er legte nur Wert auf die Unterscheidung zwischen anwendungsbezogenem und theoretischem Wissen, das er *episteme* nannte. Während vom aristotelischen Begriff *techne* unser heutiger Technikbegriff stammt, der weitgehend die Anwendung naturwissenschaftlicher Erkenntnisse meint, hat sich aus der aristotelischen *episteme* der Begriff der Epistemologie entwickelt – ein Zweig der Philosophie, der sich mit Fragen der Wissens- und Wissenschaftstheorie befaßt. Für Aristoteles selbst jedoch war die Unterscheidung zwischen *techne* und *episteme* nicht eine Trennung zwischen Anwendung und Theorie, sondern eine Differenzierung zwischen den Ursprüngen und den Zielen des Wissens. Der Ausgangspunkt aller technischen Kenntnisse war die praktische Erfahrung; ihr Ziel war es, vereinfacht gesagt, zu wissen, was beim nächsten Mal zu tun ist. Der Ursprung wissenschaftlicher Erkenntnisse war hingegen die Vernunft, und das Ziel des theoretischen Wissens war ein Verständnis der Dinge durch ihre Ursachen.

Die wissenschaftliche Revolution bestand nun zum Großteil darin, diese klassischen Unterscheidungen aufzulösen und jene Erkenntnis, die durch praktische Erfahrung erlangt wurde, mit rein verstandesmäßigem Wissen zu verbinden; in Kauf genommen wurde damit sogar, daß das Wissen, was beim nächsten Mal zu tun ist, den Vorrang vor dem Verstehen der Ursachen der Dinge bekam. Anders gesagt: An die Stelle der Suche nach Ursachen trat nun die Suche nach Gesetzmäßigkeiten.

Sogar noch heute scheint es vielen Philosophen anstößig, auf die Suche nach den Ursachen in irgendeiner Weise zu verzichten. Noch viel anstößiger war es damals, nachdem es jahrhundertelang das Ziel der Wissenschaft oder der Naturphilosophie gewesen war, die Ursachen der Dinge zu ergründen. Descartes zum Beispiel fand jede dem nicht gemäße Vorgehensweise als so befremdlich, daß er Galileis Forschungen rundweg ablehnte, denn sie begannen gerade nicht mit der Suche nach den Ursachen der Bewegung und Schwere.

Die Physik von Aristoteles zeigte Stoff-, Form-, Wirk- und Zweckursachen für jede Art von Wandel in der Natur auf. Galileis Physik beschäftigte sich dagegen zum Großteil mit der Ortsbewegung, ja sogar nur mit der Ortsbewegung von schweren Körpern auf oder nahe der Erdoberfläche; darüber hinaus bemühte er sich nicht einmal um eine Ursachenerklärung dieser Sachverhalte. Seine Physik unterließ es nicht nur, sich mit den meisten Problembereichen auseinanderzusetzen, mit denen sich zeitgenössische Philosophen beschäftigten; sie widersprach sogar ausdrücklich aristotelischen Aussagen, z. B. bezüglich der Fallgeschwindigkeit schwerer Körper, bot aber im Gegenzug dafür keine einleuchtenderen Erklärungen der Ursachen. Nun ist es klar, weshalb die aristotelischen Philosophen Galileis Forschung so verächtlich machten: sie erschien ihnen auf bemitleidenswerte Weise trivial und falsch.

Am Anfang seiner Untersuchungen hatte Galilei natürlich versucht, die Bewegung aus ihrer Ursache herzuleiten, da diese Methode an der Universität so gelehrt wurde. Als er Jahrzehnte später sein Gesetz des freien Falles vorstellte – das Gesetz, das der Grundstein einer neuen Physik werden sollte –, schrieb er dazu folgendes:

> „Die Gegenwart scheint mir nicht eine günstige Zeit zu sein, die Ursachenerforschung der Beschleunigung von natürlichen Bewegungen anzusprechen, denn verschiedene Philosophen sind zu unterschiedlichen Meinungen gelangt... Solche Phantasien

könnten zwar geprüft und richtiggestellt werden, jedoch wohl mit wenig Gewinn.“ (TNS 158–9)

Wir werden sehen, wie, wann und vielleicht warum Galilei im Laufe der Zeit das Denken über die Ursachen hinter sich ließ; den Begriff „Ursache“ gab er jedoch keineswegs auf, denn dieser kann sehr nützlich sein, wenn er vernünftig angewandt wird. Aber bevor wir uns mit seiner Biographie befassen wollen, sei ein kurzer Blick auf seine glänzenden Ausführungen über die Wissenschaft und ihre Beziehung zur Philosophie geworfen.

Galileis Wissenschaft war kein geschlossenes System wie etwa das von Aristoteles, es war keine Sammlung von Folgerungen, sondern vielmehr eine Methode. Soweit sich daraus Schlüsse ergaben, waren diese stets nur von begrenzter Gültigkeit und unvollständig. Galilei glaubte nicht, daß sich daran viel ändern würde, wie weit sich die Forschung auch weiterentwickeln würde; 1623 schrieb er in seiner Streitschrift *Saggiatore („Der Prüfer mit der Goldwaage“)*:

„Um es klar und deutlich zu sagen und weil die Beschäftigung mit der Wissenschaft eine Methode der Darstellung und des Denkens ist, zu der die Menschen imstande sind, darum behaupte ich, daß, je mehr diese an Perfektion grenzt, die Anzahl der Behauptungen, die sie zu lehren vermag, um so geringer wird. Und noch geringer wird die Zahl der Behauptungen sein, die sich als beweiskräftig erweisen. Folglich wird sie, je perfekter sie [die Wissenschaft] wird, um so unattraktiver, und dementsprechend geringer wird auch die Zahl der Anhänger sein. Auf der anderen Seite begeistern Bücher mit großartigen Titeln und vielen grandiosen Versprechen die natürliche Neugierde der Menschen und verwickeln sie so in Irrtümer und Hirngespinste, ohne ihnen jemals auch nur eine Probe von der Schärfe eines wahren Beweises zu geben, durch den vielleicht der Geschmack geweckt wird, indem er erfährt, wie fad seine gewöhnliche Kost ist.“ (D & O 239–40)

Die gewöhnliche Kost, auf die sich Galilei hier bezieht, ist die aristotelische Naturphilosophie. Diese bot eine vollständige Aufstellung von Denkschlüssen über Physik und Astronomie, geordnet nach metaphysischen Prinzipien und logischen Abfolgen, die es einem ermöglichen, die Ursache einer jeden Wirkung in der Natur zu ermitteln. In Galileis Bemerkung, daß die voranschreitende Wissenschaft nur eine geringe Anzahl von Behauptungen riskieren wird, bedeutet „geringer" keine Abnahme der absoluten Zahl, sondern weniger im Vergleich zur Naturphilosophie und ihrem großartigen Programm, alles erklären zu wollen, was vielleicht einmal entdeckt werden kann. Im Gegensatz dazu sagte er:

> „Es gibt nicht eine Erscheinung in der Natur, auch nicht die geringste, die von der Art wäre, daß selbst die begabtesten Theoretiker sie jemals völlig verstehen könnten. Diese eitle Anmaßung, alles zu verstehen, kann keine andere Grundlage haben als niemals irgend etwas zu verstehen. Denn jeder, der auch nur einmal die Erfahrung gemacht hat, eine Sache vollkommen zu verstehen, und der wirklich geschmeckt hat, wie man zu Wissen gelangt, wird sofort erkennen, daß er von unendlich vielen anderen Wahrheiten nichts versteht." (D 101)

Dies mag widersprüchlich scheinen, da Galilei in einem Satz sagt, daß sogar das kleinste Naturereignis kein vollständiges Verstehen zuläßt, um im nächsten Satz fortzufahren, daß jemand eine Sache vollkommen verstanden haben kann und dadurch auch die Tragweite dieses Wissens begreift. Diesen scheinbaren Widerspruch löst er folgendermaßen auf:

> „Ich glaube, daß der menschliche Geist einige Sachverhalte vollkommen erfassen kann, und so besitzt er darin auch die absolute Gewißheit wie die Natur selbst. Diese Bereiche gibt es lediglich in der Mathematik; in Geometrie und Arithmetik kennt der

> göttliche Geist allerdings unendlich mehr Lehrsätze als wir, da er alles weiß. Dennoch glaube ich in Anbetracht der wenigen Bereiche, die der menschliche Geist versteht, daß dessen Wissen dem göttlichen in seiner objektiven Sicherheit gleicht – denn hier gelingt es ihm, die Notwendigkeit zu erkennen, über die hinaus es keine größere Gewißheit gibt.“ (D 103)

Dadurch, daß Galilei an dieser Stelle nur Geometrie und Arithmetik aufführt, grenzt er absichtlich Physik und Astronomie aus, die sich mit den Naturereignissen befassen. Diese entziehen sich, wie er gesagt hatte, dem vollkommenen Verständnis; aber gerade die Notwendigkeit, die wir vom mathematischen Beweis her kennen, gibt uns einen Vorgeschmack von der Gewißheit, welche die Natur uns in ihren Erscheinungen zeigt. Auf jeden Fall sind die Mittel, die wir benutzen, um Mathematik und Natur zusammenzuführen, größtenteils unsicher oder unbrauchbar für eine uneingeschränkte Anwendung:

> „Nicht eine gesicherte wissenschaftliche Aussage kann von solchen Dingen abgegeben werden wie etwa dem Gewicht, der Geschwindigkeit und der Form [von Körpern in Bewegung], die auf unendlich viele Arten variabel sind. Um mit solchen Phänomenen wissenschaftlich umzugehen, ist es notwendig, von ihnen zu abstrahieren. Wir müssen Schlußfolgerungen finden und aufzeigen, die von den Hindernissen [der Materie] absehen, um sie in der Praxis benutzen zu können unter jenen Einschränkungen, welche die Erfahrung uns lehren wird.“ (TNS 225)

So stellt sich Galilei die Einheit der praktischen Erfahrung mit der abstrakten Wissenschaft vor, die charakteristisch für die wissenschaftliche Revolution seiner Zeit war. Bezüglich der Zukunft der Philosophie schrieb er:

„Die Philosophie kann aus unseren Auseinandersetzungen nur Nutzen ziehen: Falls sich unsere Vorstellungen als richtig und wahr herausstellen, heißt das, daß neue Errungenschaften gemacht worden sind; gesetzt den Fall, daß sie sich als falsch erweisen, wird ihre Widerlegung die ursprünglichen Lehrsätze bestärken. Bewahre dir also dein Interesse an bestimmten Philosophen; komme ihnen zu Hilfe und verteidige sie. Was die Wissenschaft angeht, kann sie sich nur verbessern." (D 37–8)

Diese Passage aus Galileis *Dialog* war an die Anhänger von Aristoteles gerichtet, die befürchteten, daß Galileis Wissenschaft die Philosophie zu Fall bringen könnte. Er glaubte nicht, daß sich die Philosophen jemals bemühen würden, seine Forschungen wirklich zu verstehen, geschweige denn, daß sie einen ihrer Standpunkte aufgeben würden:

„Es besteht nicht die Gefahr, daß eine derartige Menge großartiger, scharfsinniger und weiser Philosophen geruhen wird, sich von jemandem überzeugen zu lassen, der ein wenig Wind macht. Sie brauchen gar nicht ihre (Schreib-)Feder gegen jemanden zu erheben, sondern schon durch ihr Schweigen setzen sie diesen dem allgemeinen Hohn und der Verachtung aus. Es ist eitel zu glauben, man könne eine neue Philosophie dadurch einführen, daß man den einen oder anderen Autor widerlegt. Als erstes ist es nötig, den menschlichen Geist zu erneuern und ihm die Fähigkeit zurückzugeben, zwischen Wahrheit und Irrtum zu unterscheiden, was aber nur Gott tun kann." (D 57)

Mit Bacon und Descartes teilte Galilei den Traum von einer neuen Philosophie, welche an die Stelle des Aristotelismus treten sollte, aber im Unterschied zu ihnen versuchte er nicht, sie irgend jemandem darzulegen. Dies schien ihm in ferner Zukunft zu liegen und denkbar erst dann, wenn sehr viel mehr über das physikalische

Universum bekannt sein würde. Was Galilei vorschwebte, war eine Verbindung von praktischer Erfahrung und Vernunft zu einer nützlichen Wissenschaft. Diese begann im sechzehnten Jahrhundert zu entstehen – und zwar außerhalb der Universitäten, da sie keinen Beitrag zur Naturphilosophie liefern konnte, die akademisch normiert war und so auch gelehrt wurde. Die praktische Wissenschaft unterschied sich vom praktischen Wissen dadurch, daß sie zum erstenmal systematisch aufgebaut war. Die Naturphilosophie dagegen hatte sich bereits als wohlgegliedertes und abgeschlossenes System etabliert; jede Abweichung oder Hinzufügung hätte die Metaphysik verändert, die Aristoteles aus seiner Naturphilosophie abgeleitet hatte; und davon wäre auch der Rest der Philosophie betroffen gewesen. Die Einheit und Geschlossenheit der Philosophie machte ihre Stärke aus, und so zwang sie die Naturwissenschaft, ihren Weg unabhängig von der Philosophie zu wählen, wenn sie überhaupt vorankommen wollte.

Die Wissenschaft blieb ein natürliches Monopol der Universitäten, solange Handschriften die einzigen Aufzeichnungen von Erkenntnissen waren, die Bestand hatten. Die ersten gedruckten Bücher waren für gewöhnlich teuer, erschienen in geringer Auflage, behandelten hauptsächlich Themen, die Gelehrte oder Theologen interessierten und waren (wie die Handschriften) vornehmlich in den Hochburgen des Wissens vorzufinden. Diese Situation veränderte sich um 1500. Denn inzwischen gab es in vielen Städten Buchdrucker, denen viel daran lag, daß ihre Druckmaschinen liefen. In der Nachfolge von Aldus Manutius in Venedig begannen diese Drucker billiger hergestellte Bücher herauszugeben, die sich an eine größere Leserschaft wandten. Und um den Bedürfnissen breiterer Leserschichten gerecht zu werden, verlegten sie auch viele Bücher von neuen Autoren. Die Lesefertigkeit nahm in der Zeit, in der der Protestantismus sich in Europa verbreitete, schnell zu, da zahlreiche Traktate und Pamphlete von protestantischer Seite geschrieben wurden, auf welche natürlich die katholische Erwiderung nicht ausblieb; beide Seiten bemühten sich jetzt mehr um die Erziehung und Ausbildung, damit ihre Bücher auch gelesen werden konnten. Ermutigt durch die neuen Verleger, vervielfachte sich die Zahl der Autoren; einige schrieben zur Erziehung der Öffentlichkeit, andere hingegen zur Weitergabe von neuem Wissen und praktischen Informationen. So verbreitete sich die nützliche Wissenschaft weit über die bis dahin bekannten Bildungszentren hinaus.

Vermutlich profitierten die Universitäten vom Erscheinen billiger Bücher weniger als irgendein anderer Gesellschaftsbereich. Über mehrere Jahrhunderte hinweg hatten sie eine Blütezeit erlebt, ohne daß die Texte in großer Zahl vervielfältigt worden waren, und in ihren Vorlesungen und Streitgesprächen führten die Hochschullehrer diese Tradition fort. Die naturwissenschaftliche Forschung war an den Universitäten weniger fortgeschritten, als sie es im vierzehnten Jahrhundert gewesen war. Als die grundlegenden Texte galten weiterhin die Kommentare zu Aristoteles. Die traditionelle Aufgabe eines Professors war nicht etwa, zu neuen Erkenntnissen zu gelangen, sondern die Auswahl und Bewahrung von allgemein anerkannten Lehrinhalten und deren Weitergabe an die Studenten.

Mit Ausnahme der Medizin wurden während des sechzehnten Jahrhunderts die wichtigsten wissenschaftlichen Fortschritte außerhalb der Universitäten gemacht. Beispiele dafür sind die neue Astronomie von Kopernikus und Tycho Brahe, die Mathematik von Tartaglia und Stevin, die Mechanik von Guidobaldo del Monte und die Physik von G. B. Benedetti. Solche Entwicklungen wurden in den universitären Lehrveranstaltungen kaum berücksichtigt; lediglich zwei oder drei Professoren im Europa des sechzehnten Jahrhunderts – und kein einziger in Italien – zeigten so viel Interesse an den Lehren des Kopernikus, daß sie diese auch an ihre Studenten weitergaben. Die physikalischen Fragestellungen, welche die Philosophieprofessoren erörterten, hatten mit dem Aufkommen der nützlichen Wissenschaft nichts zu tun, stammten sie doch noch aus dem Mittelalter. Inwieweit Galilei der mittelalterlichen Wissenschaft und Philosophie verpflichtet war, ist lange umstritten gewesen. Bis in unser Jahrhundert glaubten die meisten Wissenschaftshistoriker, das Mittelalter sei im Hinblick auf die Astronomie eine unfruchtbare Periode zwischen der ptolemäischen Ära und der Zeit von Kopernikus gewesen. In der mathematischen Physik sei zwischen Archimedes und Galilei – also in einer noch größeren Zeitspanne – gleichfalls nichts wirklich Neues geschehen. Diese Meinung galt noch, als Pierre Duhem zur Zeit des Ersten Weltkrieges zu dem Schluß kam, daß sich die Wissenschaft kontinuierlich von der klassischen Antike bis in die Gegenwart entwickelt habe. Allerdings habe es dazwischen immer auch Perioden gegeben, in denen in kurzer Zeit auffallend viele Fortschritte gemacht worden seien. Außerdem vertrat Duhem die aufsehenerregende These, daß – falls es jemals eine wissenschaftliche Revolution gab – diese sich nicht im siebzehnten, sondern bereits im vierzehnten Jahrhundert ereignet hatte. Duhems Schlußfolgerungen sind durch neuere Forschungen relativiert worden, dennoch sind sie in vielerlei Hinsicht immer noch bedenkenswert.

Aus Duhems Arbeit ergaben sich zwei Fragen zu Galileis Wissenschaft: erstens, ob er im Sinne der modernen Wissenschaften seine wichtigen Forschungsergebnisse über den Fall schwerer Körper direkt aus der Naturerforschung hergeleitet hatte oder ob sie aus der mittelalterlichen Impetus-Theorie und der gleichzeitig – aber unabhängig davon durchgeführten – „Durchschnittsgeschwindigkeits-Untersuchung" der gleichförmig beschleunigten Bewegung hervorgegangen waren. Die zweite Frage war die, ob Galileis Forschung in der Philosophie fußte und er sie gar nicht als Herausforderung an diese verstanden wissen wollte oder ob sie eine alternative Methode des Naturverständnisses war – wie es doch nach den herabwürdigenden Anspielungen auf die Philosophen in seinen letzten beiden und wichtigsten Büchern zu sein schien. Da die mittelalterliche Wissenschaft eindeutig ein Teilbereich der aristotelischen Philosophie war, mußte Duhems Kontinuitätsthese

Galileis Physik so darstellen, daß sie ihre philosophischen Wurzeln im mittelalterlichen Denken habe und nicht auf der neuen, direkten Beobachtung von Naturphänomenen gründe. Andererseits erschwerten die massiven Angriffe der Aristoteliker gegen Galileis Wissenschaft die Deutung, wonach er ein aristotelischer Naturphilosoph gewesen sein soll.

Ein weiterer Versuch, Galileis Forschungen zu erklären, wurde 1939 durch Alexandre Koyré unternommen. Er sah in ihnen eine platonistische Reaktion auf den traditionellen Aristotelismus der Universitäten. Seiner Meinung nach ging Galileis Betonung der mathematischen Physik auf den Lehrsatz Platons zurück, daß die einzige Welt, die das Studium eines Philosophen wert sei, den Sinnen verschlossen bleibe und allein durch die Mathematik begriffen werden könne. Die mittelalterliche mathematische Erforschung der Bewegung war zwar abstrakt geblieben, aber dennoch hatten die Aristoteliker wichtige Einsichten formuliert. Aber erst Galileis Platonismus sei, so Koyré, eine wahre Revolution in der Wissenschaft gewesen. Dabei hielt Koyré Galileis angebliche Experimente für pure Einbildung, da alle seine Untersuchungen der Bewegung durch mathematische Gedankengänge im Stil von Archimedes zu erklären seien. Und dem stimmte die Mehrheit der Wissenschaftshistoriker zu.

Die These von der Kontinuität mittelalterlichen Denkens kann anhand von Galileis eigenen Manuskripten widerlegt werden. In seinen Arbeitspapieren über die Bewegung und in seinen veröffentlichten Büchern findet sich kein Hinweis auf die „Durchschnittsgeschwindigkeit" der beschleunigten Bewegung, einem zentralen Thema der mittelalterlichen Mathematiker. Diese hatten das Verhältnis von beschleunigter zu gleichförmiger Bewegung anhand der Geschwindigkeit in einem mittleren Zeitpunkt untersucht. Diesen mittleren Zeitpunkt gibt es lediglich bei einer abgeschlossenen, begrenzten Bewegung. Galilei aber beschäftigte sich mit der Beschleunigung bei nicht abgeschlossenen Bewegungen mit einer sich mathematisch stetig verändernden Geschwindigkeit. Und die mittelalterliche Impetus-Theorie wurde in Galileis Schriften schnell von Gedanken über die einfache Erhaltung der Geschwindigkeit abgelöst. Schließlich haben erst vor kurzem zuvor unveröffentlichte Aufzeichnungen Galileis experimentelle Messungen an den Tag gebracht, womit Koyrés These als widerlegt gelten dürfte. Hinzu kommt, daß die Vorstellungen und Verfahren, die Galilei einsetzte, um zu seinem grundlegenden Gesetz über den freien Fall schwerer Körper zu gelangen, mit denen der mittelalterlichen Naturphilosophen nur wenig gemein hatten.

Ein dritter wissenschaftsgeschichtlicher Ansatz, den u.a. J. H. Randall verfolgt hat, ging vom Aristotelismus im Padua des sechzehnten Jahrhunderts aus und lieferte eine neue Interpretation von Galileis Forschungen aus aristotelischer Sicht. Während der Renaissance führten Gelehrte an der Universität Padua Diskussionen über die Methodik und Gewißheit der Mathematik und entwickelten eine Art aufgeklärten Aristotelismus. Galilei übernahm einige ihrer Fachbegriffe, und so verdankte seine wissenschaftliche Methode Randall zufolge diesen aristotelischen Gelehrten nicht wenig. Das Problem dabei ist jedoch, daß Giacomo Zabarella, ein Hauptvertreter des neuen Aristotelismus in Padua – er war gestorben, kurz bevor Galilei seine Lehrtätigkeit in Padua aufnahm –, ausdrücklich gegen den Einsatz der Mathematik in der Wissenschaft war. Gleichwohl hatte er sich dafür ausgesprochen, sich unmittelbar auf Erfahrung zu berufen. Sein Nachfolger war Cesare Cremonini, der, während beide in Padua lehrten, Galilei in allen wissenschaftlichen Fragen entschieden widersprach. Die beiden Männer waren persönlich befreundet, aber zweifellos bestand ein Gegensatz zwischen ihren Positionen: Auf der einen Seite, die immer mehr Zulauf bekam, vertrat der paduanische Aristotelismus physikalische Prinzipien, die auf Induktion beruhten, sowie die Bestimmung von Gründen mit Hilfe syllogistischer Logik. Auf der anderen Seite trat Galilei für sorgfältige Messungen und die Anwendung mathematischer Proportionalität ein.

Die Suche nach einer plausiblen philosophischen Grundlage,

auf der Galilei sein Verständnis von Wissenschaft gegründet haben könnte, hat einige zum Atomismus Demokrits geführt. Dies beruht jedoch auf einem völligen Mißverständis der mathematischen Analyse, die Galilei von der stetigen Vergrößerung vorgenommen hatte. Wieder andere machen aus ihm einen „Versöhner", wie diejenigen mitunter genannt wurden, die Platon mit Aristoteles versöhnt haben, oder einen philosophischen Eklektiker, der (wie Giordano Bruno) Elemente aus den unterschiedlichsten Philosophien in seinem Sinne zusammengefügt haben soll. Einige sehen Galilei als Vorläufer des philosophischen Empirismus John Lockes, und wieder andere glauben, er habe den Positivismus von Auguste Comte vorweggenommen. So hat Alistair Crombie bereits vor Jahren aufgezeigt, daß es kaum eine Philosophie gibt, die in Galileis Schriften nichts findet, worauf sie sich stützen könnte. Deshalb ist es recht einfach, die Wissenschaft Galileis mit diesem oder jenem philosophischen System zu verbinden, zu welchem Nutzen auch immer.

Da die an den Universitäten gelehrte Physik während der Studienzeit Galileis nichts anderes als Aristotelische Naturphilosophie war, ist es verständlich, daß Galilei während seiner ersten Jahre als Mathematikprofessor nicht viel mehr zu erreichen suchte, als zu einem besseren Verständnis der Bewegung zu kommen als seine Vorgänger. Dabei bekam er den unverhohlenen Widerstand der Philosophieprofessoren zu spüren, die Physik lehrten. Im Privatunterricht stieß er jedoch auf praktische Probleme, deren mathematische Lösung ihn zu interessieren begannen. So kam er dazu, sich mit Problemen der nützlichen Wissenschaft zu befassen und die Genialität von Praktikern zu erkennen, die physikalische Probleme lösten, ohne dabei besonders gebildet zu sein. Das ist auch ein Grund dafür, daß er die meisten seiner Bücher in italienisch veröffentlichte, wie er 1612 einem Freund schrieb:

„Was mich inspiriert, dies zu tun, ist, daß ich sehe, wie Studenten wahllos zur Universität geschickt werden, um Ärzte, Philosophen etc. zu werden, und sich danach in vielen Fällen Berufen widmen, für die sie nicht geeignet sind, während andere, die geeignet wären, mit familiären oder anderen Aufgaben beschäftigt sind, die sie davon abhalten, diese Berufe zu erlernen. Obwohl sie, wie Ruzzante sagen würde, gut mit gesundem Menschenverstand ausgestattet sind, müssen solche Leute, die nicht in der Lage sind, lateinische Texte zu lesen, glauben, daß diese dürftigen Pamphlete über die neuesten Entdeckungen der Logik und Philosophie für immer ihren Verstand übersteigen. Deshalb möchte ich, daß sie erkennen, daß die Natur ihnen – wie auch den Philosophen – nicht nur Augen gab, um ihre Werke zu sehen, sondern auch Gehirne, die in der Lage sind, sie zu erfassen und zu verstehen." (GW 187)

Auf die Frage, wer Aristoteles als Führer in der Philosophie ersetzen könnte, antwortete Galilei:

> „In Wäldern und unbekannten Ländern brauchen wir Führer, aber in der Ebene und da, wo schon Wege gebahnt sind, benötigen nur Blinde einen Führer. Für solche Leute ist es besser, zu Hause zu bleiben, aber jeder, der Augen im Kopf und seine fünf Sinne beisammen hat, könnte ihnen als Führer dienen."(D 112)

Die Idee, daß die Wissenschaft gewöhnliche, intelligente Menschen ansprechen könnte, um ihnen auch ohne jegliche philosophische Anleitung die Augen für die Werke der Natur zu öffnen, setzte sich erst im neunzehnten Jahrhundert durch, als T. H. Huxley die Wissenschaft als „organisierten gesunden Menschenverstand" bezeichnete. Moderneren Gelehrten schien es ein reiner Anachronismus, Galilei eine ähnliche Sicht zuzuschreiben, was immer er auch gesagt haben mag. Einige, die überzeugt sind, daß Wissenschaft ohne Philosophie stets unmöglich gewesen sei, sind der Auffassung, Galilei habe es einfach nur versäumt, seine Philosophie darzulegen, und es sei nun eine Aufgabe der Historiker, eine solche zu entdecken oder zu rekonstruieren. Aber es war ja gerade die Philosophie, auf die sich Galilei bezog, als er von Wäldern und unbekannten Ländern sprach oder als er das Folgende schrieb:

> „Solch tiefsinnigen Betrachtungen gehören zu Lehren, welche viel höher stehen als unsere, und wir [Wissenschaftler] müssen uns damit begnügen, die weniger erhabenen Handwerker zu bleiben, die in Steinbrüchen Marmor finden und herausarbeiten, aus welchem dann später fähige Bildhauer wunderbare Figuren erscheinen lassen, die versteckt unter dem rauhen und formlosen Äußeren liegen." (TNS 182–3)

Galilei war nicht der Auffassung, daß die Wissenschaft – als eine Methode, durch die der Mensch Dinge zu erkennen vermag – jemals alle oder auch nur sehr viele der für die Menschheit wichtigen Fragen würde lösen können. Wie er zu diesem Standpunkt kam, wird deutlich, wenn wir uns die Geschichte seines Lebens und seiner Arbeit vergegenwärtigen.

3. Die frühen Jahre

Galileo Galilei wurde am 15. Februar 1564 in Pisa geboren. Der Vater Vincenzio Galilei war Musiker. Er war ein vielseitig begabter Mensch mit einem besonderen Talent zum Polemisieren. Das half ihm, auf dem Gebiet der Musik in Praxis und Theorie zu Umbrüchen beizutragen, wie sie später sein Sohn Galileo auf dem Feld der Naturwissenschaft anzustoßen vermochte. Galileos Mutter Giulia Ammannati kennen wir nur aus gelegentlichen Erwähnungen in einigen wenigen Briefen, die uns ein wenig schmeichelhaftes Bild von ihr zeichnen.

Galileo war das älteste von sieben Kindern. Die Familie lebte bis ungefähr zu seinem zehnten Lebensjahr in Pisa und zog dann nach Florenz. Er besuchte einige Zeit die Schule und wurde anschließend in das alte Kamaldulenserkloster nach Vallombroso geschickt. Das stille und konzentrierte Leben dort fand er so anziehend, daß er als Novize in den Orden eintrat. Doch sein Vater wollte, daß er Medizin studiere, und holte ihn wieder nach Florenz zurück. Trotzdem studierte Galileo weiterhin bei den Kamaldulensern, allerdings nicht mehr als voraussichtliches Ordensmitglied. 1581 immatrikulierte er sich an der Universität von Pisa.

Ungefähr zur selben Zeit wurde in Florenz unter dem Titel *Camerata* eine informelle Akademie gegründet, in deren Rahmen man das literarische, künstlerische und vor allem musikalische Leben der Stadt pflegte. Galileos Vater fühlte sich davon sehr angesprochen. Vincenzio hatte einige Jahre zuvor unter Gioseffo Zarlino in Venedig Musiktheorie studiert und interessierte sich jetzt für die Neubelebung der klassischen griechischen Formen der

Musik als Gegenmittel gegen die schwulstige vokale Polyphonie seiner Zeit, sowie für die Probleme, die sich aus dem Zusammenspiel von Instrumentalmusik und einzelner Singstimme ergaben. Darüber wurden in der *Camerata* Untersuchungen angestellt, was zu einer scharfen musiktheoretischen Kontroverse zwischen Vincenzio und Zarlino führte. Die Musiktheorie war auf eine Weise zur abstrakt mathematischen Lehre degeneriert, daß sie jede Neuerung bremste. Es konnte kaum ein besseres Beispiel für das Auseinanderklaffen der aristotelischen Unterscheidung zwischen *episteme* und *techne* geben als die herkömmliche Musikwissenschaft mit ihren sterilen Debatten über die Theorie auf der einen und die rapid sich wandelnde musikalische Praxis auf der anderen Seite. Letztere führte schon bald nach Vincenzios Kampf gegen die reine Theorie zur Geburt der Oper und zur Entwicklung der harmonischen Modulation.

Galilei erwarb sich in seinen ersten Jahren an der Universität von Pisa den Ruf, dauernd seinen Professoren zu widersprechen. In einer viele Jahre später geschriebenen Bemerkung berichtet er von einem seiner damaligen Zweifel: Als er angefangen habe, die Naturphilosophie des Aristoteles zu studieren, habe er nicht glauben können, daß Körper tatsächlich mit einer zu ihrer Größe proportionalen Geschwindigkeit fielen. Er hatte beobachtet, wie Hagelkörner von sehr unterschiedlicher Größe gleichzeitig auf die Erde aufprallten, wo doch der gesunde Menschenverstand annehmen mußte, daß sie gemeinsam aus ungefähr derselben Höhe zu fallen begonnen hatten. Nach der Theorie des Aristoteles hätten die größeren Hagelkörner früher ankommen müssen und die kleinsten zuletzt. Das aber hatte er ganz und gar nicht gesehen. Die Forderung, daß sich die Wissenschaft dem tatsächlich Beobachteten anpassen müsse, gilt heute als selbstverständlich, spielte dagegen in der aristotelischen Naturphilosophie keine große Rolle. Sie begnügte sich mit Erklärungen, wie sich bestimmte Prozesse gemäß bestimmter Kausalketten abspielen müßten.

1583 besuchte Galilei einige Vorlesungen über die Geometrie

des Euklid. Sie fanden nicht an der Universität statt, sondern wurden von einem praktischen Mathematiker im Dienst des Großherzogs der Toskana angeboten. Er wurde dadurch angeregt, auf eigene Faust die *Elemente* Euklids zu studieren. Der Hofmathematiker Ostilio Ricci erkannte rasch aus den Fragen, die ihm Galilei stellte, das Talent dieses Studenten. So bat er Vincenzio um die Erlaubnis, daß sich sein Sohn ganz auf die Mathematik konzentrieren dürfe; doch der Vater bestand darauf, er solle zuerst sein Medizinstudium abschließen. Galilei gab dieses trotzdem auf, studierte Mathematik und Philosophie und verließ 1585 die Universität mit einem Diplom.

Aus ungefähr dieser Zeit ist uns das früheste von Galilei selbst verfaßte Manuskript erhalten. Es besteht aus Erörterungen, die wahrscheinlich für den Gebrauch in Vorlesungen gedacht waren. Darin geht es im üblichen formalisierten Stil um viele der Fragen aus Physik und Kosmologie, die zur damaligen Zeit die Professoren für Naturphilosophie an den Universitäten beschäftigten. An Originellem ist darin kaum eine Spur zu finden, und auch die Mathematik nimmt nicht soviel Raum wie in den späteren Arbeiten Galileis ein. Die kopernikanische Astronomie wird erwähnt, aber entschieden abgelehnt. Warum Galilei sich die Mühe machte, ein so langes und konventionelles Opus zu verfassen, bleibt unklar, es sei denn, man nimmt an, er habe sich um einen Lehrstuhl bemüht und sich deshalb zu diesem Zweck die nötigen Vorlesungskonzepte ausgearbeitet. Man hat nachgewiesen, daß sie sich an Vorlesungen und Bücher bedeutender Jesuitenprofessoren des späten 16. Jahrhunderts anlehnen. Obwohl Galilei als Student einige Schlußfolgerungen des Aristoteles auf dem Gebiet der Physik in Frage gestellt hatte, ersieht man aus diesem Manuskript deutlich, daß er noch nicht mit den allgemein anerkannten Prinzipien der Naturphilosophie auf Kriegsfuß stand.

In diesem ersten langen Manuskript von Galilei wird die Physik mittels haarspalterischer Spitzfindigkeiten betrieben; die Texte des Aristoteles werden mittels der scholastischen Logik immer neu durchkonjugiert, und alles in allem handelt es sich mehr um ausgeklügelte Wortspielereien als um eine Untersuchung der Natur. Anläßlich einer Kontroverse über Kometen sollte Galilei Jahre später über einen gegnerischen Jesuiten, der scholastisch argumentiert hatte, schreiben:

> „Hier fährt Sarsi seine Geschütze auf und wendet in einer langen Reihe von Angriffen alles an, um zu beweisen, daß ich ein jämmerlicher Logiker bin, weil ich eine bestimmte mathematische Vergrößerung als ‚grenzenlos' bezeichnet habe. Derlei Zänkereien öden mich in meinem Alter an; in meiner Jugend allerdings habe ich mich auch mit Wonne auf so etwas eingelassen... Für Sarsi bietet sich hier in der Tat ein weites Feld, auf dem er sich als der beste Logiker der Welt entfalten kann. Ich versichere ihm, er kann bei allen anderen Autoren in neun von zehn Fällen feststellen, daß sie das Wort ‚grenzenlos' dem Ausdruck ‚äußerst groß' vorgezogen haben." (*Saggiatore*, D & O 241)

Nachdem er die Universität verlassen hatte, gab Galilei einige Jahre lang in Florenz und Siena Privatunterricht in Mathematik. Seine erste eigenständige wissenschaftliche Abhandlung schrieb er 1586 über das hydrostatische Gleichgewicht; sie stellte eine Mischung von theoretischen und praktischen Ausführungen dar; die Theorie hatte er von Archimedes übernommen. Ungefähr zur selben Zeit begann er mit der Niederschrift einer Abhandlung über die Bewegung. Im Lauf der folgenden vier oder fünf Jahre überarbeitete und erweiterte er sie immer wieder, und sie lieferte die Grundlage für seine späteren wichtigsten Beiträge zur Physik.

Derweil hatte Galileis Vater mit der Länge und Spannung von Instrumentensaiten experimentiert und dabei ein mathematisches Gesetz entdeckt, das nicht den Grundvorstellungen der traditionellen Musiktheorie entsprach. Galilei erlebte diese Experimente vermutlich mit und hatte sie noch im Kopf, als er später nach einer Regel für die sich verändernde Geschwindigkeit fallender Körper suchte. Die Schriften seines Vaters glichen im übrigen in mehrfacher Hinsicht denjenigen, die Galilei dann im Lauf seiner wissenschaftlichen Kontroversen verfaßte. So hatte Vincenzio zum Beispiel in seinem *Dialog über alte und moderne Musik* geschrieben:

> „Meiner Auffassung nach handeln diejenigen, die sich zum Beweis irgendeines Satzes einfach auf das Gewicht der Autorität verlassen, ohne irgendein eigenes Argument zu seiner Stützung zu liefern, sehr absurd. Im Gegensatz dazu lege ich Wert auf die Erlaubnis, in Freiheit Fragen stellen und sie ohne jede Schmeichelei (gegenüber Autoritäten) beantworten zu dürfen. So geziemt es sich für alle, die ernsthaft nach der Wahrheit suchen." (PLG 2)

Galileis mathematische Fähigkeiten fanden sogar schon bei den führenden Köpfen der literarischen Zirkel von Florenz Anerkennung. 1588 wurde er zu einem Vortrag vor der Florentiner Akademie eingeladen. Er sollte über Ort, Größe und Beschaffenheit der Hölle referieren, wie sie Dante in seinem *Inferno* beschrieben hatte. Heute betrachten wir die *Göttliche Komödie* ganz selbstverständlich als poetisches und nicht als naturwissenschaftliches Werk; aber Dante hatte alle zu seiner Zeit gängigen wissenschaftlichen Vorstellungen darin eingearbeitet. Seine Beschreibung der einzelnen Höllengegenden war das ganze 16. Jahrhundert hindurch lebhaft diskutiert worden. Dabei hatten sich die Kommentatoren seines Textes in zwei entgegengesetzte Lager gespalten. Galilei vertrat mit geographischen und mathematischen Argumenten die Auffassung, es handle sich um ein Werk der Poesie. In der Folge verhalf der einflußreiche Leiter der literarischen Akademie Galilei dazu, seine erste Professur für Mathematik in Pisa und dann auch seine zweite in Padua zu bekommen.

Gegen Ende 1587 hatte Galilei eine geniale und praktische Methode entwickelt, um den Schwerpunkt von Festkörpern genau bestimmen zu können. Das war ein Fortschritt über Archimedes hinaus, der ihm seine erste auswärtige Anerkennung verschaffte. Durch diese Entdeckung zu Ansehen gekommen, bewarb sich Galilei 1588 auf einen vakanten Lehrstuhl für Mathematik an der Universität von Bologna. Jedoch erhielt diese Stelle G. A. Magini, ein Astronom aus Padua, der zu seinen Gunsten bereits einige Buchveröffentlichungen vorweisen konnte. Aber Galileis Entdekkung hatte das Interesse des Marquis Guidobaldo del Monte geweckt, Autor eines wichtigen Buches über die Mechanik, der von da an bis zu seinem Tod im Jahre 1607 Galileis Freund und Gönner blieb. Dieselbe Entdeckung hatte auch bei einem ersten Rombesuch im Spätjahr 1587 zur Bekanntschaft Galileis mit Christopher Clavius geführt, der Mathematiker und Astronom am Jesuitenkolleg in Rom war.

Den Lehrstuhl für Mathematik an der Universität Pisa erhielt Galilei 1589. Es war eine miserabel bezahlte Stelle, denn in Pisa hielt man das Mathematikstudium für nicht besonders wichtig. Immerhin rückte Galilei über diese Stelle in den Rang eines Professors auf, wodurch er sich berechtigte Hoffnungen auf den begehrteren Posten in Padua machen durfte. Seine beiden Gönner begannen denn auch unverzüglich, in dieser Richtung vorzuarbeiten.

Zur selben Zeit, als Galilei in Pisa mit seinen Vorlesungen begann, wurde dort ein anerkannter Dante-Gelehrter namens Jacopo Mazzoni als Philosophieprofessor berufen, der sein Freund und Ratgeber wurde. Mazzoni veröffentlichte später ein Buch, in dem er die Philosophien von Platon und Aristoteles miteinander verglich. In einem Brief äußerte sich Galilei darüber und erinnerte daran, daß sie während seiner Zeit in Pisa einige Meinungsverschiedenheiten darüber gehabt hätten. Bei ihren philosophischen Diskussionen war der Dritte im Bund Girolamo Mercuriale, Professor der Medizin, dessen Buch über Gymnastik und Gesundheit auf diesem Gebiet eine Vorreiterrolle spielte. Es ist offensichtlich, daß es in den Diskussionen, die Galilei in Pisa mit älteren Kollegen führte, um ein breites Themenspektrum und nicht nur um Mathematik ging. Doch seine mathematischen Talente traten schon so deutlich zutage, daß sie den zu Besuch weilenden römischen Mathematiker Luca Valerio sehr beeindruckten.

Galilei vertrat zu dieser Zeit immer noch die Vorstellung, die Erde sei der Mittelpunkt des Universums, und er schrieb aus dieser Sicht einen Kommentar zum *Almagest* des Ptolemäus, obwohl er bereits das Werk des Kopernikus kannte. Das alles kam in seinem in Pisa entstandenen Manuskript *De motu* zur Sprache. Darin griff er in mehreren Kapiteln offen die Physik des Aristoteles an. Die gesamte Abhandlung könnte man als vorwissenschaftlich bezeichnen, denn darin werden Kausalitätsvorstellungen aus der aristotelischen Philosophie und mathematische Gedanken, die von Archimedes übernommen sind, miteinander verquickt. Zunächst hatte Galilei vor, beide miteinander zu versöhnen, indem er einige Irrtümer des Aristoteles richtigstellte, grundsätzlich aber den aristotelischen Ansatz der Naturphilosophie beibehielt.

Von besonderem Interesse sind im Werk *De motu* seine Argumente dafür, daß die Fallgeschwindigkeit von Körpern desselben Materials durch das gleiche Medium unabhängig von ihrem Gewicht die gleiche sei. Die Wahrheit der bekannten Geschichte von Galileis Experimenten am Schiefen Turm von Pisa, die zum erstenmal nach Galileis Tod von einem erst etliche Zeit nach dem angeblichen Ereignis geborenen Schüler Galileis erzählt wurde, wird von Historikern allgemein bezweifelt. Glaubt man dieser Geschichte, fand die Vorführung in Gegenwart von Galileis Studenten und einigen Professoren statt. Es ist anzunehmen, daß seine Studenten, die von ihren Philosophieprofessoren die aristotelischen Regeln gelernt hatten, die Hypothese vertraten, das Gewicht müsse die Fallgeschwindigkeit beeinflussen. Galileis Vorführung am Schiefen Turm von Pisa hätte dann nicht nur dem Zweck gedient, seinen Studenten die Wahrheit vor Augen zu führen, sondern auch, die Professoren davon zu überzeugen, daß die Physik des Aristoteles der Verbesserung bedurfte, was er ja schon lange behauptete.

Anläßlich eines späteren Disputs mit Galilei (im Jahre 1612) führte ein Philosophieprofessor in Pisa tatsächlich am Schiefen Turm Experimente durch, mit denen er zeigen wollte, daß Aristoteles doch recht hatte. Er beobachtete, daß Körper aus demselben Material, aber mit unterschiedlichen Gewichten nicht *exakt* zur selben Zeit auf dem Boden aufschlugen. Die Verschiedenheit der Ansätze des Professors und Galileis wird in Galileis letztem Buch veranschaulicht:

> „Aristoteles sagt, wenn eine hundert Pfund schwere Kugel aus einer Höhe von hundert Ellen falle, treffe sie früher auf dem Boden auf als eine ein Pfund schwere Kugel aus einer Elle Höhe. Ich sage, sie treffen gleichzeitig auf. Ihr stellt bei Eurem Versuch fest, daß die größere Kugel der kleineren um drei bis fünf Zentimeter voraus ist. Hinter diesen fünf Zentimetern wollt Ihr also die neunundneunzig Ellen von Aristoteles verstecken. Ihr sprecht bloß von meinem kleinen Fehler, schweigt jedoch über seinen ganz gewaltigen." (TNS 68)

In der Wissenschaft des Aristoteles war jedes Element logisch mit allen anderen verknüpft, weshalb seine Anhänger der Überzeugung waren, daß nichts, was er sagte, falsch sein konnte. Dem widersprach Galilei mit den folgenden Argumenten:

> „Wäre Aristoteles der Mensch gewesen, als den sie sich ihn vorstellen, dann hätte er einen störrischen Geist, einen sturen Sinn und eine barbarische Seele besessen. Er wäre ein Mann mit einem tyrannischen Willen gewesen, der alle anderen für dumme Schafe gehalten und nichts anderes gewollt hätte, als den Sinnen, der Erfahrung und sogar der Natur selbst seine eigenen Urteile zu diktieren. Aber es sind die Anhänger des Aristoteles, die ihn mit einer derartigen Autorität ausgestattet haben; nicht er hat sie sich genommen oder sich selbst angemaßt." (D 110)

„Es wundert mich immer wieder, wie es möglich ist, daß diese strengen Verfechter jedes einzelnen Worts von Aristoteles ganz übersehen, wie sehr sie seiner Glaubwürdigkeit und seinem Ansehen schaden. Je versessener sie darauf sind, seine Autorität zu steigern, desto stärker schaden sie ihr in Wirklichkeit. Denn wenn ich sehe, wie sie stur Lehrsätze verfechten, von denen ich aus persönlicher Anschauung weiß, daß sie offensichtlich falsch sind, und mich zu überzeugen versuchen, daß sie die wahre Philosophie vertreten, die auch Aristoteles selbst vertreten würde, läßt mich das nur um so weniger glauben, daß sein philosophisches Denken auch in anderen Bereichen stimmt, mit denen ich nicht so genau vertraut bin." (D 111)

Galileis *De motu* war allem überlegen, was seine Kollegen bis dahin veröffentlicht hatten, und es enthielt bislang unbekannte Dinge. Für sein Bemühen, eine bessere Stelle zu erhalten, wäre es für ihn von Vorteil gewesen, wenn er eine Veröffentlichung hätte vorweisen können. Doch er hielt *De motu* vom Druck zurück, vermutlich weil seine Schlüsse über die Geschwindigkeit auf schiefen Ebenen nicht exakt den tatsächlichen Ergebnissen der Experimente entsprachen, was er offen zugab. Er schrieb das „materiellen Hindernissen" zu und knüpfte daran bestimmte theoretische Überlegungen; in Wirklichkeit lag es daran, daß er die Beschleunigung vernachlässigte, was seine ersten Schlüsse ziemlich weit von der Wahrheit entfernt bleiben ließ. Jedenfalls entsprach es ganz seiner Art, daß er *De motu* von der Veröffentlichung zurückhielt, denn, wie er bei einer späteren Gelegenheit, nämlich in seinem *Brief über die Sonnenflecken* schrieb:

„Die Feinde jeder Neuerung kreiden mir schon das geringste kleine Versehen als kapitalen Irrtum an. Sie tun alles, um zu zeigen, daß man besser mit der Herde beim Irrtum bleibt, als mit seinem richtigen Denken allein dazustehen. Ich möchte hinzufügen, daß ich durchaus damit zufrieden bin, ziemlich spät mit einer korrekten Vorstellung daherzukommen, statt den anderen voraus zu sein und mich später gezwungen zu sehen, das Gesagte zu berichtigen. Manches hätte ich tatsächlich schon früher sagen können, aber dann wäre es noch nicht genügend durchdacht gewesen." (D & O 90)

Als sich die drei Jahre, für die Galilei an die Universität von Pisa berufen worden war, ihrem Ende näherten, mußte er mit gutem Grund annehmen, daß er nicht erneut berufen würde. Zwar hatte er unter seinen Kollegen einige enge Freunde gefunden, aber andere Professoren fühlten sich verärgert; außerdem hatte er sich im engeren Umfeld des toskanischen Hofes einen mächtigen Feind geschaffen, weil er einen Entwurf zur Verbesserung des Hafens von Livorno radikal in Frage gestellt hatte. Zudem war 1591 sein Vater gestorben, was ihn in die schwierige Lage gebracht hatte, für die vom Vater im Testament verfügte Ausstattung seiner ältesten Schwester Virginia mit einer großzügigen Mitgift verantwortlich zu sein. Doch dank seiner überzeugenden Lehrtätigkeit in Pisa und mit Unterstützung seiner früheren Gönner wurde Galilei 1592 zum Professor der Mathematik an die Universität von Padua berufen, wo er ein dreimal so hohes Gehalt als in Pisa erhielt.

Die Universität von Padua genoß in ganz Europa großes Ansehen wegen ihrer medizinischen Fakultät. Hier hatte Vesalius gelehrt, und erst unlängst war Fabricius von Acquapendente, der spätere Lehrer von William Harvey, Professor der Anatomie geworden. Kaum weniger berühmt war Padua auf dem Gebiet der Philosophie. Hier war 1589 Giacomo Zabarella gestorben, in der Renaissance der führende Vertreter der aristotelischen Methode der Naturphilosophie. Sein Nachfolger war Cremonini geworden, dessen Entschlossenheit, jedes Wort des Aristoteles zu verteidigen, ihn zum Muster des Philosophen in Galileis reiferen Dialogen werden ließ. Auf dem Gebiet der Mathematik stand Padua unter den italienischen Universitäten nur Bologna nach; ja, Magini, der im Wettbewerb mit Galilei den dortigen Lehrstuhl gewonnen hatte, bemühte sich, statt dessen lieber denjenigen von Padua zu erhalten.

Gute dreißig Kilometer von Venedig entfernt auf dem Festland gelegen, war Padua ungefähr ein Jahrhundert zuvor unter die venezianische Herrschaft geraten. Seiner Universität kam die aufgeklärte Regierung von Venedig zugute, die an Toleranz alle anderen italienischen Staaten übertraf. Auch abgesehen von der Universität gab es in Padua ein reges intellektuelles Leben. Ihren Mittelpunkt hatte es im Haus von G. V. Pinelli, der eine große Sammlung von Manuskripten und Büchern besaß. Er hatte oft maßgebliche Persönlichkeiten und Gelehrte zu Besuch und lud die Gelehrten Paduas hinzu, um sie in seinem Haus zu treffen. Galilei wohnte eine Zeitlang bei Pinelli und blieb bis zu dessen Tod im Jahre 1601 sein enger Freund. Vermutlich traf er in diesem Haus auch zum erstenmal Fra Paolo Sarpi und Robert Kardinal Bellarmin, die beide für seine wissenschaftliche Laufbahn eine wichtige Rolle spielen sollten. Der Umstand, daß beide ihn sehr schätzten, obwohl sie in einzelnen Punkten radikal gegensätzliche Meinungen zu Galilei vertraten, ist von großer Bedeutung, wenn es darum geht, Galileis Fähigkeiten und Persönlichkeit richtig einzuschätzen.

Sarpi, ein Servitenmönch, ist am bekanntesten für seinen Einsatz als offizieller Theologe für die Republik Venedig im Jahre 1606. In diesem Jahr verhängte Papst Paul V. nach langen Zwistigkeiten zwischen Rom und Venedig über Fragen der päpstlichen Macht in weltlichen Dingen über Venedig das Interdikt, d. h. das Verbot aller kirchlichen Amtshandlungen. Geraten hatte ihm dazu Bellarmin als sein persönlicher theologischer Ratgeber. Sarpi wies die Venezianer an, dieses Interdikt zu ignorieren und die Priester unter Androhung ziviler Strafmaßnahmen zur weiteren Ausübung ihrer Amtshandlungen zu verpflichten. Die Jesuiten wurden aus dem venezianischen Gebiet vertrieben; die anderen Priester blieben, und so änderte sich das Alltagsleben kaum. Sarpi und Bellarmin lieferten sich scharfe polemische Auseinandersetzungen, indes politisch Venedig den Sieg davontrug. Ein fast erfolgreicher Anschlag auf Sarpis Leben wurde allgemein den Jesuiten angelastet. Vor diesen Ereignissen hatte sich Sarpi als scharfsinniger Student mit Philosophie und Naturwissenschaften beschäftigt und tat das auch in begrenztem Maß weiterhin. Es heißt, die Forschungen des Fabricius von Acquapendente über die Venenklappen, die von großer Bedeutung für die Entdeckung des Blutkreislaufs durch Harvey werden sollten, seien durch Vorschläge Sarpis angeregt worden. In seinen Notizbüchern findet sich auch die früheste Beschreibung von Galileis Gezeitentheorie, und es war Sarpi, dem Galilei 1604 als erstem über sein Fallgesetz und 1609 über sein Teleskop schrieb.

Bellarmin war Jesuit und einer der Kardinäle der Inquisition, die 1600 Giordano Bruno wegen Ketzerei zum Tod auf dem Scheiterhaufen verurteilt hatten. Üblicherweise verbindet man die Verurteilung von Bruno mit der neuen Lehre des Kopernikus, aber die brisanten Fragen in seinem und in Galileis Fall waren völlig verschieden. Bruno war tatsächlich ein Eiferer für die kopernikanische Anschauung, aber wenn das überhaupt etwas mit dem Ausgang seines Prozesses zu tun hatte, dann nur ganz indirekt. Bruno träumte davon, auf dem Gebiet der Religion mittels der Einführung einer allumfassenden Philosophie eine universale Harmonie zu schaffen. Diese Vorstellung hatten die Inquisitoren als ketzerisch eingeschätzt, nachdem sie Bruno wiederholt sein Recht, in allen Fragen der Ketzerei Einspruch beim Papst einzulegen, verweigert hatten. Zu den Kardinälen, die ihn zum Tod verurteilten, hatte Bruno gesagt: „Ihr müßt euch mehr fürchten, wenn ihr dieses Urteil sprecht, als ich mich fürchte, wenn ich es höre.“ Bellarmin kann diese Worte nie mehr vergessen haben, die so klar und mit Recht die Richter anklagten, die einem Angeklagten sein legales Recht auf einen letzten Appell verweigert hatten. Die Erinnerung daran hat vermutlich seine Empfehlungen und Handlungen während der Ereignisse in den Jahren 1615 und 1616 beeinflußt, bei denen es um Galilei ging.

Bellarmin wollte unbedingt Pinelli kennenlernen und reiste deshalb zu einem Besuch nach Padua, begleitet von einem anderen Kardinal, Cesare Baronius. Außerhalb der Stadt zogen sie einfache

Kleider an und kamen zu Pinellis Haus nicht als Kirchenfürsten, sondern als Mönche. Erst nachdem sie höflich empfangen und mit aller Gastfreundlichkeit bewirtet worden waren, gaben sie sich zu erkennen. Dieses Ereignis ist bezeichnend für die Noblesse der Umgangsformen der Kreise, in denen sich Galilei in Padua bewegte, jedoch am interessantesten ist es als wahrscheinliche Quelle eines Ausspruchs von Baronius, den Galilei 1615 zitiert: „Die Bibel sagt uns etwas über unseren Lauf zum Himmel, aber nichts über den Lauf des Himmels." Diesen Satz hatte er bestimmt nicht in den Werken des gelehrten Kirchenhistorikers gefunden, sondern vermutlich in den Gesprächen im Haus Pinellis von ihm gehört.

Nach Pinellis Tod wurde der wichtigste Treffpunkt der literarischen Freunde Galileis das Haus von Antonio Querengo, einem Kanoniker der Kirche und angesehenen lateinischen Dichter. Ein Lieblingszeitvertreib in diesem Freundeskreis bestand darin, sich des ländlichen paduanischen Dialekts zu bedienen, dem im frühen 16. Jahrhundert ein Schriftsteller, der sich Ruzzante nannte, unter den Intellektuellen zur Beliebtheit verholfen hatte. Seine Spezialität war das Schreiben von Dialogen und Schauspielen, in denen die hochgestochenen arkadischen Dichter mit ihrer Verherrlichung des einfachen Landlebens parodiert wurden. Ruzzante zeigte, wie dieses Leben wirklich war: mühsam, aber durch gesunden Menschenverstand und vulgären Humor besser zu ertragen. Galilei genoß diese Literatur, die mit beiden Füßen fest auf dem Boden der Realität stand, ganz besonders.

Die Universität von Padua zog viele junge ausländische Adlige an, die für eine militärische Laufbahn bestimmt waren. Vor allem ihnen zuliebe und zur Aufbesserung seines Einkommens bot Galilei Privatunterricht in Militärarchitektur, Festungsbau, Vermessung, Mechanik und verwandten Themen an, die der Vorlesungsplan der Universität nicht enthielt. 1593 schrieb er Entwürfe für Kurse in Mechanik und Festungsbau nieder, später fügte er noch weitere hinzu. Es gibt keinen Hinweis darauf, daß er sich schon vor 1595 besonders für Astronomie interessiert hätte. In diesem Jahr lieferte er eine mechanische Erklärung für die Gezeiten, wozu die beiden Kreisbewegungen der Erde erforderlich waren, die Kopernikus angenommen hatte. Das scheint der Anfangspunkt seiner Vorliebe für die neue Astronomie gewesen zu sein.

Zu dieser Zeit, vor der Erfindung des Teleskops, waren die Beweise für das kopernikanische System noch nicht sehr zwingend. Der führende Astronom nach Kopernikus war der Däne Tycho Brahe, der die Vorstellung einer Bewegung der Erde verwarf, weil sie sowohl der Bibel widerspreche als auch den normalen Vorkommnissen, die man auf der Erde beobachten und die die aristotelische Physik erklären könne. Tychos Modell, bei dem die Erde weiterhin fest fixiert blieb, die Planeten jedoch in Kreisbahnen um die Sonne vorgestellt wurden, hatte mindestens genauso viele Anhänger wie die kopernikanische Astronomie gefunden. Die meisten Gelehrten indes blieben immer noch beim ptolemäischen System, in dem alle Himmelskörper als um die Erde kreisend gedacht wurden. Rein astronomisch gesehen machte es nicht sehr viel aus, für welches System man sich entschied. Auf philosophischem Gebiet war das ptolemäische System am leichtesten mit Aristoteles in Einklang zu bringen, obwohl es voraussetzte, daß man an feste Kristallschalen glaubte, die die Planeten trugen, wogegen Tycho starke Beweise anhand von Kometen ins Feld gebracht hatte. Diejenigen, die sich von diesen Beweisen überzeugen ließen, waren auch deshalb für Tychos System, weil es einen Bruch mit der Physik des Aristoteles vermied.

Mazzonis Buch mit dem Vergleich von Platon und Aristoteles, das 1597 erschien, enthielt ein trügerisches Argument gegen die kopernikanische Astronomie, auf das Galilei in einem langen Brief eine Entgegnung schrieb. Das ist seine erste uns bekannte Äußerung, daß er das System des Kopernikus bevorzuge. Später im selben Jahr übergab ein deutscher Besucher Galilei das erste von Johannes Kepler veröffentlichte Buch. Galilei bedankte sich bei Kepler, der ein begeisterter Verfechter des Kopernikus war, und fügte hinzu, er habe schon lange die neue Astronomie übernommen; dadurch habe er einige Phänomene erklären können, die ansonsten schwer zu begreifen seien. Jedoch räumte er ein, er lehre das nicht öffentlich, da das angesichts zahlreicher törichter Gegner ein gefährliches Unterfangen sei. Kepler fragte nicht zurück, wofür Galilei Erklärungen gefunden habe (obwohl er ganz richtig annahm, es handele sich um die Gezeiten), jedoch bat er ihn, bestimmte astronomische Beobachtungen zu machen, sofern er dazu über geeignete Instrumente verfüge. Es ging darum, die jährliche Bewegung der Erde mittels der Sternenparallaxe zu verifizieren. Galilei führte diese Beobachtungen nicht durch, weil er vermutlich nicht die speziellen Instrumente dafür besaß und im übrigen gewiß keine Hoffnung hatte, astronomische Beweise zu finden, die auch die besten Beobachter noch nicht gefunden hatten. Die ersten astronomischen Beobachtungen Galileis, von denen wir wissen, führte er 1604 durch, und das aus verschiedenen Gründen.

Für seine militärischen Studenten hatte Galilei eine Abhandlung über das Anvisieren und Triangulieren geschrieben, worauf 1597 seine Erfindung einer mechanischen Rechenmaschine folgte, die er als „geometrischen und militärischen Kompaß" bezeichnete. Die ursprünglich zur Lösung eines praktischen Problems der Artillerie entworfene Maschine verbesserte er so weit, bis sie eine rasche annähernde Lösung jedes damals vermutlich auftauchenden mathematischen Problems zu liefern vermochte. 1599 stellte er einen Handwerker an, um diese Instrumente für den Verkauf anzufertigen, und er begann alljährlich einen Kurs zur Einweisung in deren Verwendung anzubieten.

Ungefähr zur selben Zeit liierte sich Galilei, der nie heiratete, mit einer Venezianerin, Marina Gamba, die 1600 und 1602 je eine Tochter und 1606 einen Sohn zur Welt brachte. Als Galilei 1610 nach Florenz zurückkehrte, blieb sie in Padua. Während dieser Jahre kam Galilei in ziemliche finanzielle Schwierigkeiten, weil er seiner jüngeren Schwester Livia, die 1601 heiratete, eine großzügige Aussteuer versprochen hatte. Sein Bruder Michelangelo war nach Polen ausgewandert und hatte dabei von Galilei geliehenes

Geld mitgenommen, das er nicht zurückzahlte. Er zahlte auch nicht seinen halben Beitrag zur Aussteuer, deren Anzahlungsbetrag schon doppelt so hoch wie Galileis Gehalt war. Später zog Michelangelo nach Deutschland und heiratete dort, wofür ihm wiederum Galileo Geld zuschoß, und schließlich schickte Michelangelo zunächst seinen Sohn und hierauf die restliche Familie nach Florenz, um bei Galileo zu leben.

Galilei gab immer mehr Privatunterricht, ließ sich Vorschüsse auf sein Gehalt auszahlen und borgte Geld von Giovanfrancesco Sagredo, einem venezianischen Bürger, der bei ihm studiert hatte und einer seiner engsten Freunde wurde. Sagredo war in seiner Freizeit ein talentierter Naturforscher und auch in Regierungsgeschäften aktiv. Vor allem trieb er die Wärmemessung voran, wobei er zunächst mit einem von Galilei erfundenen Thermoskop (einem Instrument, das zwar Temperaturunterschiede, aber keine Meßwerte anzeigt) anfing, das ihr gemeinsamer Freund Santorre Santorio, damals Arzt in Venedig und später Professor an der Universität von Padua, in der Medizin einsetzte. Santorio leistete einen großen Beitrag zur experimentellen Medizin, wobei Galilei eine seiner Versuchspersonen bei seinen Untersuchungen des menschlichen Stoffwechsels war.

Bis ungefähr 1602 hatte sich Galilei in Padua vorwiegend mit eher praktischen als theoretischen Untersuchungen beschäftigt. In diesem Jahr überarbeitete er seine Abhandlung über die Mechanik vollständig und nahm wieder seine früheren Studien über natürliche Bewegungen auf. Dabei entdeckte er seine ersten beiden korrekten Lehrsätze über die Bewegung auf schiefen Ebenen. Interessant daran ist, daß er beide Lehrsätze aus alten unrichtigen Annahmen in seinem *De motu* ableitete. Wir neigen zur Annahme, daß sich korrekte Schlüsse nicht gewinnen lassen, wenn man von falschen Voraussetzungen aus richtig folgert. Nur das Gegenteil gilt: Aus wahren Voraussetzungen ergeben sich bei logischer Korrektheit keine falschen Schlüsse. Zu Beginn der modernen Wissenschaft jedoch war es gewöhnlich eine falsche Annahme, die zunächst zu einigen neuen Wahrheiten führte. Stellte man dann in der Folge fest, daß die ursprüngliche Annahme sowohl zu falschen wie zu richtigen Schlüssen führte, stellte man die gewonnene Erkenntnis auf festere Grundlagen.

Ende 1602 schrieb Galilei an Guidobaldo del Monte, was er herausgefunden hatte, und er fügte die Vermutung hinzu, daß ein Körper von jedem Punkt einer kreisförmigen Bahn aus in der gleichen Zeit den niedrigsten Punkt erreiche, was nur annähernd korrekt ist. Guidobaldo stellte hierüber Experimente an, wozu er den Rahmen eines großen Getreidesiebs verwendete, und er stellte fest, daß Galileis Vermutung nicht stimmte. Galilei entgegnete darauf, daß Unebenheit und Reibung seine Ergebnisse vielleicht beeinträchtigt hätten; beides lasse sich eventuell ausschalten, wenn man statt dessen ein langes Pendel verwende. Es ging ihm also eindeutig um tatsächliche Experimente, und er hatte ein Geschick für das Erfinden geeigneter Anordungen entwickelt. Allerdings räumte er im selben Brief ein, man dürfe wohl kaum eine absolute Übereinstimmung mit den mathematisch exakten Werten erwarten. Seine damalige Arbeit mit Pendeln regte Santorio zur Erfindung des „pulsilogium“ (ein Instrument mit Pendel zur Zeitmessung des Pulsschlags) zum Gebrauch bei der medizinischen Diagnose an, von dem oft behauptet wurde, Galilei habe es in seiner Studentenzeit erfunden.

Dem Pendel war in Galileis wissenschaftlicher Arbeit eine derart wichtige Rolle beschieden, daß einige ausführlichere Worte darüber angebracht sind. Merkwürdigerweise war die Eigenschaft des Pendels, immer im selben Zeittakt zu schwingen, nicht schon längst zur Zeitmessung und zu wissenschaftlichen Untersuchungen verwendet worden. Vor einigen Jahrzehnten wurde behauptet, im Mittelalter habe ein arabischer Astronom als erster das Pendel in seinem Buch vorgestellt, aber das hat sich als falsch erwiesen. In Galileis Tagen wurden die Uhren von einer horizontalen Stange angetrieben, die durch einen kleinen Winkel mittels eines an einer Schnur befestigten Gewichts vor- und zurückbewegt wurde, also auf eine ziemlich ähnliche Art, wie man später Pendel in Bewegung hielt. Die Geschwindigkeit solcher Uhren ließ sich regeln, indem man von der Stange herabhängende kleine Gewichte versetzte, aber sie waren nie zuverlässig. Galilei entwarf ein astronomisches Zeitmessungsgerät, bei dem er ein Pendel vorsah, aber die eigentliche Pendeluhr wurde nach seinem Tod von Christian Huygens erfunden.

Was Galilei zunächst am Pendel faszinierte, war nicht nur der Umstand, daß es immer im selben Zeittakt hin- und herschwang, sondern daß auch die Zeit immer die gleiche blieb, ob nun der Ausschlag des Pendels groß oder klein war. Das stimmt nicht ganz exakt, ist aber annähernd richtig, und es erschien höchst merkwürdig, daß das Pendel in der Lage war, stets genau die Geschwindigkeit anzunehmen, daß es immer die gleiche Zeit brauchte – auch wenn seine Ausschläge immer kleiner wurden, bis es schließlich zur Ruhe kam. 1602 verwendete Galilei ein langes und schweres Pendel, und das lenkte seine Aufmerksamkeit wohl auf die Bedeutung der Beschleunigung bei der Abwärtsbewegung und auf die Fortdauer bzw. den Erhalt der einmal erworbenen Bewegung. Derlei Beobachtungen ließen ihn bald eine völlig neue Grundlage für seine Wissenschaft von der Bewegung der Körper finden, die sein früheres Kausaldenken ersetzte.

Im Lauf des Jahres 1603 löste Galilei mehrere Probleme der Bewegung auf schiefen Ebenen und begann sich mit dem Studium der Beschleunigung zu befassen. Seit dem 14. Jahrhundert war man immer von der Vorstellung ausgegangen, dabei fänden in rascher Abfolge lauter kleine Geschwindigkeitsschübe statt, wobei jede Geschwindigkeit genau gleich bleibe, bis der nächste und wieder etwas stärkere Schub erfolge. Galilei fing ebenfalls mit dieser Vorstellung an, mußte sie aber bald fallenlassen. 1604 entwarf er eine Methode für das Messen der tatsächlichen Geschwindigkeiten bei der Beschleunigung. Zu diesem Zweck ließ er eine Kugel aus ihrer Ruhestellung eine ganz schwach (weniger als 2°) geneigte schiefe Ebene hinabrollen und markierte ihre jeweiligen Positionen nach einer Abfolge immer genau gleicher Zeitabschnitte, die von musikalischen Takten von ungefähr einer halben Sekunde gemessen wurden. Die Abstände der einzelnen Positionen maß er dann in Einheiten von ungefähr einem Millimeter. Daraus konnte er erkennen, daß die Geschwindigkeit beim Herabrollen gemäß der ungeraden Zahlenreihe 1–3–5–7 usw. zunahm. Folglich nahm die Summe der Abstände von der Ruhestellung gemäß der Zahlenreihe 1–4–9–16 zu. Das erlaubte ihm, das Gesetz der fallenden Körper zu formulieren: Die Entfernung vom Ausgangspunkt wächst wie das Quadrat der verstrichenen Zeit.

Nachdem er dies wußte, machte Galilei schnell Fortschritte mit weiteren Experimenten, denn werden mathematische Hypothesen erst einmal durch tatsächliche Messungen bestätigt, kann man von ihnen ausgehend weitere Hypothesen ableiten. Bei allen zuvor geführten Debatten der Philosophen über die „Zuverlässigkeit der Mathematik“ hatte man sich nie die Mühe gemacht, etwas tatsächlich nachzumessen, und auf diesen wunden Punkt sollte Galilei bald in einem anderen Zusammenhang hinweisen. Seine neuen und wahren Lehrsätze halfen ihm indes nicht, unverzüglich eine korrekte Theorie zu finden, mit der er das Fallgesetz der Körper als solches beweisen konnte. Im Oktober 1604 schrieb er an Sarpi, er habe einen Beweis gefunden, aber er hatte sich getäuscht. Er hatte argumentiert, wenn ein und dasselbe Gewicht über unterschiedliche Entfernungen falle, sei die Stärke seines Aufpralls proportional zur Entfernung und nur seine Geschwindigkeit habe sich geändert, und folglich müsse seine Fallgeschwindigkeit proportional zur Falldistanz sein. In Wirklichkeit ist der Aufprall proportional zum *Quadrat* der Geschwindigkeit, und Galilei brauchte mehr als drei Jahre, bis er seinen Fehler erkannte.

Die neue Grundlage für Galileis Wissenschaft von der Bewegung der Körper war das sorgfältige Messen. Dadurch setzte er an die Stelle des althergebrachten Suchens nach Ursachen das moderne Suchen nach physikalischen Gesetzen. Als er schließlich seine wissenschaftlichen Bücher schrieb, war es ihm schon zur Selbstverständlichkeit geworden, daß das Messen der Schlüssel für eine solide Physik sei, und er machte sich gar nicht mehr die Mühe, das in seinen Büchern besonders hervorzuheben. Das mag merkwürdig erscheinen, aber es ist in der Geschichte der Wissenschaft nicht ungewöhnlich, daß man zu ihrer Zeit neue Techniken und Methoden, ohne die man bestimmte Entdeckungen gar nicht hätte machen können, als an sich gar nicht so besonders aufsehenerregend empfand; die dadurch gewonnenen Entdeckungen wurden für viel interessanter und wichtiger gehalten. Galilei beschrieb seine Meßmethoden gelegentlich in seinen Büchern, und wenn er es unterließ, deutlich darauf hinzuweisen, daß das tatsächliche Messen für seine Entdeckungen von grundlegender Bedeutung sei, so gibt es dafür Gründe, die mit der Unabhängigkeit seiner Physik von der vorherigen Naturphilosophie zusammenhängen.

Zunächst einmal ist zu sagen, daß die gesamte Wissenschaft der Astronomie von Anfang an auf dem sorgfältigen Messen beruht hatte. Man könnte sogar sagen, bei der Astronomie handele es sich um nichts anderes als um das sorgfältige Messen von Winkeln und Zeiten und um die Suche nach Gesetzen, die diese Meßergebnisse in ein bestimmtes System bringen. Die astronomische Wissenschaft war an den Universitäten immer von Mathematikprofessoren gelehrt worden, während eine davon völlig verschiedene Disziplin, für welche die Philosophieprofessoren zuständig waren, sich auf das Buch *Vom Himmel* des Aristoteles stützte. Diese Disziplin, die man als Kosmologie bezeichnen könnte, galt als die wahre Himmelswissenschaft im Sinn der *episteme*, während die Astronomie in den Augen der eigentlichen Philosophen gar keine echte Wissenschaft darstellte, sondern *techne* war. In der aristotelischen Kosmologie spielte das Messen überhaupt keine Rolle; derlei weltliche Beschäftigungen überließ man den reinen Praktikern. Diese Einstellung hatte sich bereits in der Antike herauskristallisiert, als Hipparchus (ca. 150 v. Chr.) die Grundlagen der späteren ptolemäischen Astronomie schuf, bei der einzig Messen und Rechnen zählten und alle kausalen und physikalischen Erklärungen den darin geschulten Philosophen überlassen wurden. Folglich gab es in der Wissenschaft bereits eine alte Tradition des Messens, sofern man die Astronomie als Wissenschaft und nicht bloß als reine *techne* ansieht, und Galilei verstand seine Physik lediglich als die Anwendung der Methoden der Astronomie auf die Erforschung der Bewegung.

Im Rückblick erscheint es als bemerkenswert, daß man das nicht schon viel früher unternommen hatte. In der Mechanik hatte man wohl ebenfalls gemessen, aber vor dem 17. Jahrhundert wurde die Mechanik nicht als Teil der Physik betrachtet und war weithin auf die Statik beschränkt. Die Bewegung läßt sich sehr viel schwerer als die Gewichte und Entfernungen messen, mit denen sich die Statik befaßt, und die Physiker interessierten sich nur für die *Ursachen* der Bewegung, und diese konnte man nicht durch Messen ergründen. So kam es, daß sich die mittelalterlichen Physiker nur rein theoretisch mit dem Messen befaßten und gar nicht erst den Versuch unternahmen, sorgfältige Messungen tatsächlicher Bewegungen vorzunehmen. Das jedoch tat Galilei, aber in seinen Büchern wies er nicht besonders ausdrücklich auf die Messungen hin, die ihn in die Lage versetzt hatten, seine Entdeckungen über die Bewegung zu machen. In seinen Augen handelte es sich dabei nur um die natürliche Erweiterung einer Vorgehensweise, die von den Astronomen schon vor langer Zeit eingeführt worden war.

Ein zweiter Punkt kommt hinzu. Er kann hier nur angerissen werden, denn genau aufzuzeigen, wie folgenschwer er für die Wissenschaft ist, würde hier zuviel Raum einnehmen. Für das Messen braucht man irgendwelche Maßeinheiten, und der Genauigkeit, mit der tatsächliche Messungen vorgenommen und diese mittels abgezählter Einheiten und deren Unterteilungen festgehalten werden können, sind Grenzen gesetzt. Für seine Messungen von Entfernungen, die bei der Bewegung jeweils zurückgelegt wurden, verwendete Galilei eine Einheit von ungefähr einem Millimeter, und die kleinste Unterteilung dieser Einheit, die er vornahm, war ein halber Millimeter. Das entspricht also ungefähr dem, was man mit bloßem Auge und einem Lineal genau messen kann. Wir mögen unsere Meßtechniken noch so verfeinern, es bleibt immer eine praktische Grenze unserer Genauigkeit bestehen. Alle, die tatsächlich Messungen durchgeführt haben, sind sich dessen rasch bewußt geworden. Galileis Vater hatte gezeigt, wie der Fortschritt der musikalischen Praxis durch Theorien beeinträchtigt wurde, die von exakten Messungen ausgingen, die praktisch unmöglich waren; als Galilei anfing, Entfernungen und Zeiten tatsächlich zu messen, erkannte er schnell, daß Abweichungen von der reinen mathematischen Theorie in die Prozesse selbst eingebaut waren. Aus diesem Grund bestand er nicht auf der Art von Perfektion, welche die Philosophen schon immer gefordert hatten. Außerdem unterschied sich Galileis Wissenschaft von der bisherigen Naturphilosophie dadurch, daß sie sich auf eine vernünftige Übereinstimmung mit der Beobachtung gründete und nicht auf den Geist Gottes oder auf Idealvorstellungen, die der Erfahrung unzugänglich waren, sei es solche mathematischer (wie bei Platon) oder sprachlicher Art (wie bei Aristoteles).

Eine solche inexakte Wissenschaft mag man schlampig oder utilitaristisch nennen; man mag sie verachten oder bewundern; man mag ihr die Naturphilosophie vorziehen; aber das Faktum bleibt, daß die Quelle der Erkenntnisse Galileis über die Bewegung das sorgfältige Messen war. Er griff für seine Methode auf die Astronomie zurück, nicht auf die abstrakten Maße der mittelalterlichen Physiker oder die Grundsätze des paduanischen Aristotelismus und auch nicht auf die Debatten, die zur Zeit der Renaissance über die Quelle und Natur der mathematischen Gewißheit geführt worden waren. Galilei ging es nicht um etwas, was im Rahmen der Mathematik oder im Rahmen der Physik blieb, sondern um Beziehungen zwischen den beiden Bereichen. Zwischen 1602 und 1608 waren seine Probleme beim Studium der Bewegung semantischer und mathematischer Art; die bisherigen Philosophien hatten kaum etwas zu ihrer Lösung beigetragen.

Wenn ich das sage, spiele ich auf Galileis Analyse des natürlichen Falls schwerer Körper an, seinen Hauptbeitrag zur mathematischen Physik. Erst in jüngster Zeit wurde es dank der gründlichen Auswertung seiner Arbeitspapiere möglich, überhaupt zu sagen, vor welchen Problemen Galilei stand und wie er sie löste. Wenige Leser werden sich besonders für die technischen Seiten hinter seinem Werk interessieren, die im nächsten Kapitel umrissen werden. Aber weil in den üblichen Darstellungen seiner Physik Galileis Vorgehensweisen kaum gewürdigt wurden, will ich die Grundprobleme, die dahinter lagen, kurz ansprechen.

Niemand hatte je „Geschwindigkeit" definiert, selbst die mittelalterlichen Naturphilosophen nicht, die das Thema mathematisch angingen. Bereits Aristoteles hatte ja die beiden Begriffe „gleiche Geschwindigkeit" und „größere Geschwindigkeit" geprägt, und das genügte, bis man die mathematisch stetige Veränderung ins Auge faßte. Die einheitliche Geschwindigkeit hatte Archimedes untersucht, und die einheitliche Veränderung der Geschwindigkeit wurde in mittelalterlichen Texten behandelt; aber bei der einheitlichen Veränderung muß es sich nicht um eine mathematisch stetige Veränderung handeln. Wenn wir die Zahlenreihe aufsagen, verändern sich die Zahlen einheitlich um Einsersprünge, aber das ist keine stetige Veränderung. Im Mittelalter zählte man jedoch „Grade der Geschwindigkeit" auf diese Weise. Galilei sah sich nun mit der stetigen Veränderung der Geschwindigkeit beim Fall konfrontiert, und um sich damit genauer befassen zu können, mußte er die „Geschwindigkeit" gemäß seinen tatsächlichen physikalischen Messungen definieren. Das war nicht leicht, denn die brauchbarste Definition für Beschleunigungsphänomene würde auf die anhand der Aufprallwirkung gemessene Geschwindigkeit passen, nicht jedoch auf die während des freien Falls gewonnenen Geschwindigkeiten. So stand plötzlich ein semantisches Problem im Raum, von dem die Naturphilosophen, die keinerlei tatsächliche Messungen durchgeführt hatten, gar keine Ahnung haben konnten.

Es ging auch um die Lösung eines mathematischen Problems, denn der Begriff einer „augenblicklichen Geschwindigkeit" führt zu Paradoxien der Unendlichkeit, wenn man daran nicht mit großer mathematischer Kunstfertigkeit herangeht. Die Art, wie Aristoteles die Paradoxa des Zeno über die Bewegung behandelt hatte, mußte auf eine Weise ausgeweitet werden, die für die genaue quantitative Analyse ständiger Veränderung tauglich war. Galilei gelang das, aber nur mit großen Schwierigkeiten und im Lauf etlicher Jahre. Man mußte mathematische Techniken ersinnen, die von allem anderen als von philosophischen Überlegungen inspiriert waren und noch lange nach Galileis Tod von den Philosophen abgelehnt wurden.

Der Schlüssel zu Galileis mathematischer Physik besteht darin, daß er eine Theorie der Proportionalität auf tatsächliche Messungen anwendet, die er im Rahmen der ihm zur Verfügung stehenden Mittel so exakt wie möglich vorgenommen hatte. Die von ihm verwendete Theorie der Proportionalität wird zwar bereits im V. Buch von Euklids *Elementen* vorgestellt, unterschied sich aber von derjenigen der mittelalterlichen Autoren, die nur eine verderbte Fassung dieses Buches kannten. Galilei ließ sich auch nicht von irgendeinem metaphysischen Glauben über die Natur leiten; er ging von der Überzeugung aus, erkenntnistheoretisch sei verläßliches Wissen möglich. Sein Pendant in der Antike war nicht Platons Philosophie, sondern die Astronomie des Ptolemäus, die auf tatsächlichen Messungen beruhte, während es Platon um die ewige Wahrheit jenseits aller möglichen Messungen gegangen war. Das Messen gehört in den Bereich der Naturwissenschaft; die ewige Wahrheit gehört in den Bereich des Glaubens, sei er philosophischer oder theologischer Natur.

4. Konflikte mit den Philosophen

Im Oktober 1604, zu der Zeit, als Galilei an Sarpi über sein Gesetz der fallenden Körper schrieb, erschien am Abendhimmel eine Supernova. Galilei erhielt die Kunde davon ein paar Tage, nachdem ein Medizinstudent namens Baldessar Capra und sein Mathematiktutor Simon Mayr das Phänomen beobachtet und bestätigt hatten. Auch im Jahre 1572 war ein neuer Stern gesichtet worden, und Tycho Brahe hatte bewiesen, daß er zu den Fixsternen gehörte. Nun konnte sich aber laut den Grundprinzipien des Aristoteles am Himmel nie etwas ändern, da dort alles aus einer vollkommenen und unveränderlichen Substanz namens „Quintessenz" bestehe. Wechsel gebe es nur in den „elementaren" Materialien Erde, Wasser, Luft und Feuer. Dementsprechend lehrten die Naturphilosophen, bei Kometen handele es sich nicht um astronomische, sondern meteorologische Phänomene, die sich in der Elementarsphäre unterhalb des Mondes abspielten. Ihrer Auffassung nach ließen sich neue Sterne als eine Art schweif- und bewegungsloser Kometen erklären, aber nicht als tatsächlich am Himmel befindliche Körper.

Galilei schrieb an Astronomen in anderen Städten und verglich deren Beobachtungen mit seinen eigenen. Auch an diesem neuen Stern ließ sich genau wie bei demjenigen Tychos keine Parallaxe erkennen; ganz gleich, von wo aus man ihn beobachtete, er war relativ zu den Fixsternen in seinem Umfeld immer an derselben Stelle zu sehen. Das ist aber bei Objekten, die der Erde so nahe wie der Mond sind, nicht möglich. Da die Menschen ungewöhnliche Himmelserscheinungen immer als etwas Aufregendes empfanden, hielt Galilei drei öffentliche Vorlesungen über den neuen Stern und erklärte, nach allem, was die astronomischen Beobachtungen und die sorgfältige Winkelmessung erwiesen, müsse er sich am Himmel befinden. Aristoteles habe sich in diesem Punkt eben geirrt.

Alsbald machte sich Cesare Cremonini als führender Philosophieprofessor von Padua an die Verteidigung von Aristoteles. Wir können uns heute kaum mehr vorstellen, was für ein erschütternder Schlag gegen die Grundfesten der ganzen Naturphilosophie es gewesen sein mußte, daß ein einfacher Mathematiker eine Veränderung am Himmel beweisen konnte. Cremonini und Galilei waren persönlich gute Freunde und hatten zweifellos schon bei vielen Gelegenheiten miteinander über Philosophie und Naturwissenschaft diskutiert; aber jetzt war das keine freundschaftliche Diskussion mehr, sondern eine öffentliche Fehde. Cremoninis Argumente gegen Galilei erhielten Anfang 1605 Schützenhilfe von einem in Padua veröffentlichten Pamphlet, das angeblich von einem gewissen Antonio Lorenzini verfaßt war, jedoch keine weiteren Namen nannte. Galilei erkannte, daß Teile des Buchs von Cremonini selbst geschrieben sein mußten und erwiderte darauf (ebenfalls unter einem Pseudonym) mit einer Druckschrift in Form eines kleinen Dialogs zwischen zwei Bauern, die im ländlichen paduanischen Dialekt abgefaßt war. Darin ließ er den einen Bauern besser argumentieren als den berühmten Professor.

Cremoninis Argument war, die auf Erden üblichen Meßregeln seien auf ganz weite Entfernungen nicht anwendbar. Wolle man korrekte Schlüsse über Himmelskörper ziehen, müsse man sich an die Prinzipien des Aristoteles halten, die besagten, der himmlische Stoff sei von ganz anderer Beschaffenheit als der Elementarstoff. Galileis bäuerlicher Sprecher stellte die Frage, ob Philosophen überhaupt etwas vom Messen verstünden. Er behauptete, auf dem Gebiet des Messens müsse man den Mathematikern vertrauen, und für die sei es unerheblich, ob es sich bei dem Gegenstand, den sie vor sich hätten, um Quintessenz oder Polenta handele, denn für seine Entfernung spiele das keine Rolle. Unter dem Eindruck seiner Entdeckung des Fallgesetzes ging Galilei bei seiner Wissenschaft fortan davon aus, daß sich Regeln, die für tatsächlich vorgenommene Messungen gelten, genauso auf Fälle anwenden lassen, in denen keine unabhängige Nachprüfung möglich ist.

Wie gesagt hatte die Astronomie bereits seit Jahrhunderten auf sorgfältigen Messungen beruht, aber erst zur Zeit Galileis wurde dieses Prinzip auch auf die Physik angewandt. Vor Vincenzio Galileis Werk über Instrumentensaiten gab es außer in der Optik kaum ein Beispiel für die Entdeckung eines mathematischen Gesetzes. Der Umstand, daß Galilei sein Fallgesetz durch genaues Messen erst vor kurzem entdeckt hatte und dann schon bald in eine Auseinandersetzung mit einem Philosophieprofessor über astronomische Messungen geriet, ist durchaus bezeichnend dafür, wie er sich mit seiner Wissenschaft immer mehr auf das Quantitative verlegte und alle „qualitativen“ Fragen des Aristoteles beiseite ließ. Man konnte bis vor kurzem noch nicht nachweisen, daß Galilei für sein Werk tatsächlich Meßexperimente verwendet hatte, und es schien sinnvoller, anzunehmen, bei seiner Betonung der Mathematik in der Wissenschaft habe es sich nur um eine philosophische These gehandelt.

Ab 1605 wurden für Galilei das Beobachten und Experimentieren zur soliden Grundlage seiner Wissenschaft. Wo immer möglich, nahm er Messungen vor, und diese lieferten ihm die einzige Gewißheit, die er seinen Schlußfolgerungen sowohl auf astronomischem wie physikalischem Gebiet zugrunde legte. Aristoteles hatte gesagt, wo immer Materie im Spiel sei, könne man keine mathematische Präzision erwarten, und mindestens bis 1602 war Galilei derselben Auffassung gewesen. Später ließ er genau diesen Punkt vom Vertreter der aristotelischen Vorstellung im *Dialog* ansprechen, um darauf antworten zu können: „Sicher, aber warum sollte man sie nicht verwenden, wo immer man sie findet?“

Den Sommer 1605 verbrachte Galilei in Florenz als Mathematiklehrer des jungen Prinzen Cosimo de' Medici. Inzwischen genoß er bei der Herrscherfamilie bereits großes Ansehen, und er bat sie um ihre Mithilfe, damit seine Berufung auf die Professur in Padua erneuert würde. Er wußte, daß diese erstmals gefährdet war, und zwar infolge seines Konflikts mit den Philosophen bezüglich des neuen Sterns. Überdies signalisierte er, daß er auch am Posten des Hofmathematikers (der seit dem Tod von Ostilio Ricci im Jahre 1603 vakant war) interessiert sei. Die praktische Unterweisung in Mathematik, die er Cosimo gab, beruhte auf der Verwendung seiner Rechenmaschine, und er versprach, darüber ein Buch zu schreiben und es dem jungen Prinzen zu widmen. Der toskanische Botschafter in Venedig setzte sich bei den Verhandlungen für seine Wiederberufung und eine Gehaltserhöhung ein; auf sein Ansinnen, eine Stelle am Hof zu erhalten, erhielt Galilei zu dieser Zeit jedoch keine Antwort.

Galileis Buch über sein Recheninstrument wurde 1606 gedruckt, und zwar mit Rücksicht auf Ingenieure und Militärs auf italienisch. Anfangs 1607 veröffentlichte Baldessar Capra ein lateinisches Plagiat und behauptete, zwar hätten schon andere über dieses Instrument geschrieben, aber das hätten sie von ihm gestohlen. In Wirklichkeit hatte Capra erst 1602 mit dem Mathematikstudium begonnen, als sich der deutsche Gelehrte Simon Mayr zu einem Besuch in Italien aufhielt. Dagegen hatte Galilei sein Instrument bereits seit 1597 hergestellt und verkauft. Für Galilei bedeutete es eine schwerwiegende Anschuldigung, daß er dem Medici-Prinzen ein Werk gewidmet habe, das gar nicht ganz von ihm selbst stammte. Er ließ sich von Sarpi und anderen notariell bestätigen, daß sie schon viel früher sein Gerät von ihm bezogen hätten. Einer der Gewährsleute bezeugte sogar, Capra habe vor einigen Jahren von ihm sowohl das Instrument als auch Galileis handschriftliche Gebrauchsanleitung dafür geliehen. Galilei brachte schließlich eine Verhandlung gegen Capra vor der Universitätsleitung zustande. Dabei konnte er im Kreuzverhör nachweisen, daß der Student noch nicht einmal den Inhalt des fraglichen lateinischen Buches richtig beherrschte, das vermutlich in der Hauptsache von Mayr kurz vor seiner Rückkehr nach Deutschland im Jahre 1605 verfaßt worden war. Capra wurde verbannt und sein Buch beschlagnahmt.

Dieser Vorfall hinterließ in Galileis weiterem Verhalten seine Spuren. Bis dahin hatte er seine Informationen frei und offen weitergegeben und seine Entdeckungen allgemein bekannt gemacht. Das Verhalten Capras, dessen Vater sich 1604 mit Galilei angefreundet hatte, indem er ihn dem Herzog von Mantua empfohlen hatte, veranlaßte ihn, seine Entdeckungen nunmehr für sich zu behalten und an der Aufrichtigkeit möglicher Rivalen zu zweifeln. Obwohl es ihm gelungen war, in dieser Affäre die Wahrheit vollständig ans Licht zu bringen, benutzten seine Gegner später die bloße Tatsache, daß man ihn schon einmal des Diebstahls einer Erfindung angeklagt habe, dazu, Mißtrauen gegen ihn zu säen, als es um das viel wichtigere Thema ging, daß er das Teleskop für astronomische Zwecke nutzte.

Im Laufe der Jahre 1607 und 1608 stellte Galilei seine bereits gewonnenen Lehrsätze über die Bewegung systematisch zusammen und fügte ihnen noch weitere hinzu. Er erkannte schließlich, daß die Fallgeschwindigkeit sich nicht linear mit der Entfernung steigert, sondern in deren Quadrat. Das ermöglichte ihm die Überprüfung seiner früheren Annahme, daß horizontale Bewegung gleichförmig verlaufe, wenn sie nicht durch Reibung gebremst werde. Wieder war das Experiment, das er aufzeichnete, bemerkenswert exakt, und wieder konnte er von ihm ausgehend viele weitere Lehrsätze entwickeln, die er nicht eigenen Überprüfungen unterzog. Der wichtigste dieser Sätze bezog sich auf die Bewegungen von Geschossen; als Ergebnis des neuen Experiments entdeckte er, daß diese sich auf einer Parabelkurve bewegten. Hierauf begann er mit der Abfassung eines Buches über natürliche Bewegungen, das erst gegen Ende seines Lebens veröffentlicht wurde, und das vor allem deshalb, weil Galilei äußerst vorsichtig war, wenn es um Grundprinzipien ging. Das wird an folgendem Beispiel deutlich, in dem die Physik Galileis von der Physik Newtons und auch von der späteren Physik abwich.

Der Satz, daß auf einer geraden Linie eine Bewegung mit gleichbleibender Geschwindigkeit andauert, wenn keine Reibung auftritt, wurde letztlich zum Eckstein der Physik Newtons; wir bezeichnen sie heute als „Trägheit der Bewegung“. Galilei ließ das nur für schwere Körper auf relativ kurzen Entfernungen in Nähe des Erdbodens gelten. In seiner Physik muß ein schwerer Körper an Geschwindigkeit gewinnen oder verlieren, wenn er sich dem Erdmittelpunkt nähert oder sich von ihm entfernt; das heißt, sofern er überhaupt fällt oder aufsteigt. Auf kurzen horizontalen Strecken wie in seinem Experiment von 1608 konnte man annehmen, daß der Körper im gleichen Abstand vom Erdmittelpunkt blieb. Folglich nahm er in solchen Fällen das gleiche Trägheitsgesetz an, das uns heute vertraut ist. Aber Galilei war nicht bereit, das zu einem allgemeinen Grundsatz auszuweiten. Eine unendlich andauernde, immer gleichbleibende Bewegung würde ein unendliches Universum voraussetzen. Nun hatte er aber bei den Himmelskörpern keinerlei natürliche Tendenz zur absolut geraden Bewegung beobachten können, so daß ihm eine solche nicht mit der beobachteten Ordnung des Kosmos übereinzustimmen schien. Wenn es in der Natur tatsächlich eine immer gleichbleibende und unendlich andauernde Bewegung gäbe, so sagte Galilei, müßte das eine Kreisbewegung sein. Aber er war nicht der Überzeugung, daß irgendeine Bewegung in der Natur tatsächlich vollkommen gleichbleibend sei: Man dürfe nur relativ kurze horizontale Bewegungen in Erdnähe als solche betrachten. Das genügte für die irdische Physik, und Galilei spekulierte nicht über die Himmelsphysik, wie das Kepler tat.

Als die Philosophen zu ihrer Unterstützung die Theologen heranzogen, sagte Galilei, man müsse die Naturwissenschaft auf Dinge beschränken, die sich mit „Sinneserfahrungen und den erforderlichen Demonstrationen“ nachweisen ließen. Nichts veranschaulicht seine Vorstellung besser als dieser Ausspruch. Newton erweiterte das Trägheitsgesetz auf alle Körper, nachdem er das Gesetz der allgemeinen Schwerkraft entdeckt hatte und durch unzählige astronomische Beobachtungen bestätigt fand. Ohne dieses Gesetz der allgemeinen Schwerkraft wäre die Verallgemeinerung des Trägheitsgesetzes reine Spekulation geblieben. Eine solche blieb es bei Pierre Gassendi und René Descartes bald nach Galileis Tod. Galilei dagegen war entschlossen, derlei Spekulationen den Philosophen zu überlassen und selbst nur den groben „Marmor aus dem Steinbruch zu brechen", aus dem dann die Spekulationen gemeißelt wurden.

Mitte 1609 war er intensiv mit seiner Abhandlung über die natürlichen Bewegungen beschäftigt, als Ereignisse eintraten, die seine wissenschaftlichen Interessen auf Jahre hinaus in eine andere Richtung lenkten. Das begann damit, daß man in Holland ein Gerät erfand, mit dem man weitentfernte Gegenstände näher erscheinen lassen konnte. Im Oktober 1608 wurde dafür bei der holländischen Regierung ein Patent angemeldet, und Sarpi erfuhr davon noch vor Ablauf des Jahres. Galilei dagegen wußte davon bis Juli 1609 noch nichts, oder er glaubte den Gerüchten nicht. Während eines Besuchs in Venedig im selben Monat erkundigte er sich bei Sarpi, der ihm einen Brief von einem seiner früheren Schüler zeigte, welcher derzeit in Paris lebte und die Geschichte bestätigte. Galilei hatte sich gerade wieder um eine Gehaltserhöhung bemüht und erfahren, daß wenig Hoffnung darauf bestand. Sofort erkannte er, wie wichtig ein Fernglas für Venedig als Seemacht wäre, und so eilte er nach Padua zurück, um eigenhändig die Herstellung eines solchen zu versuchen. Dort erfuhr er, daß gerade ein Ausländer durch Padua gekommen sei, der ein Fernglas dabeigehabt habe, das er für einen hohen Preis an die Regierung von Venedig zu verkaufen gedachte.

Laut seinem späteren Bericht kam Galilei durch Nachdenken darauf, daß eine der beiden Linsen konvex und die andere konkav sein müsse. Er fügte also zwei solche Brillenlinsen in eine Bleiröhre ein und stellte fest, daß es funktionierte. Doch blieb das ein reines Spielzeug, das nur eine zwei- bis dreifache Vergrößerung lieferte. Galilei schrieb nach Venedig (zweifellos an Sarpi) und versprach, schon bald ein gutes Fernglas liefern zu können. Sarpi war infolge seines Rufs als Wissenschaftler in der Tat bereits vom venezianischen Senat konsultiert worden, ob man das Instrument des Ausländers kaufen solle. Er sprach sich dagegen aus, und Ende August erschien Galilei mit einem Teleskop, das ungefähr so stark war wie unsere gewöhnlichen Ferngläser. Damit war er imstande, herannahende Schiffe schon zwei Stunden früher zu beschreiben, als selbst ein geschulter Beobachter sie mit bloßem Auge erkennen konnte. Man bot ihm eine unbefristete Professorenstelle und fast das Doppelte seines derzeitigen Gehalts an, wenn er sein Instrument dem Dogen überlasse.

Das Angebot erwies sich allerdings als nicht ganz so gut, wie es anfangs schien. Nach seiner Zusage erfuhr Galilei, daß es bis zum Auslaufen seines bestehenden Vertrags keinerlei Gehaltserhöhung gebe, ja daß eine weitere Erhöhung ausgeschlossen und er auf Lebenszeit zum Lehren in Padua verpflichtet sei. Galilei war von Herzen Florentiner, und so sehr es ihm auch in Padua gefiel, es war nicht seine Heimat. Er wollte sich auch nicht für sein ganzes Leben als Lehrer verpflichten, denn er wünschte sich mehr Freiheit zum Forschen und Veröffentlichen. Da er aufgrund der neuen Vereinbarung noch keine materiellen Zuwendungen erhalten hatte, fühlte er sich frei, noch einmal in Verhandlungen um den Posten des Hofmathematikers in Florenz einzutreten, wo Cosimo inzwischen Großherzog geworden war.

Nach einem eiligen Besuch in Florenz, wo er Cosimo sein neues Instrument vorstellte, machte sich Galilei daran, Linsen für ein noch stärkeres Fernrohr zu schleifen. Er bezog dafür heimlich aus Florenz Rohglas, damit seine Konkurrenten nicht erfuhren, wie sein Material beschaffen sei. Bis 1. Dezember hatte er ein Teleskop mit zwanzigfacher Vergrößerung zustande gebracht, mit dem er in jeder wolkenlosen Nacht den Mond beobachtete. Das, was er sah, deutete er richtig als Berge und Krater, während die Naturphilosophen darauf bestanden, am vollkommenen Himmel könne nur eine vollkommene Kugel hängen. Anfang Januar 1610 entdeckte er vier Monde, die den Jupiter umkreisten, was der Vorstellung der Naturphilosophen widersprach, die Erde sei der Mittelpunkt aller Himmelsbewegungen. Er erfaßte auch bislang nie gesehene Sterne kartographisch in mehreren Konstellationen, und er erkannte, daß die Milchstraße aus Myriaden von Sternen bestand.

Anfang März veröffentlichte Galilei diese Beobachtungen in seinem *Sidereus nuncius („Nachricht von neuen Sternen")*, das er dem Großherzog Cosimo widmete. Während der Osterferien wurde er zum Besuch des Hofes nach Pisa eingeladen, und danach waren die Details seiner Berufung zum Chefmathematiker und Philosophen (das heißt, Physiker) an den toskanischen Hof nur noch Formsache.

Galileis Entdeckungen, die er in seinem *Sidereus nuncius* verkündete, führten zu heftigen Reaktionen. Sie lösten unter dem allgemeinen gebildeten Publikum große Aufregung aus, während die Philosophen und Astronomen größtenteils erklärten, Galilei sei optischen Illusionen zum Opfer gefallen; sie machten sich über ihn lustig oder warfen ihm Betrug vor. Eine bemerkenswerte Ausnahme war Kepler, dessen Meinung Galilei über den toskanischen Botschafter in Prag einholte, wo Kepler kaiserlicher Hofastronom war. Kepler schrieb unverzüglich eine lange „Diskussion mit dem *Sidereus nuncius*", in der er die Richtigkeit der Entdeckungen anerkannte. Wenige Monate später verwendete Kepler selbst ein Teleskop, das Galilei dem Kurfürsten von Köln geschickt hatte, und bestätigte in einer Veröffentlichung, er habe sich mittels eigener Beobachtungen von der Existenz der Jupitermonde überzeugt.

Derweil hatte Magini im April eine Reihe von Leuten in Bologna versammelt, als Galilei auf der Durchreise dorthin kam, doch sie alle waren nicht in der Lage gewesen, die Monde zu sehen, obwohl Galilei dabei war und ihnen zeigte, wie sie das neue Instrument verwenden sollten. Ein Schützling Maginis, Martin Horky, berichtete das an Kepler und brachte ein Buch heraus, in dem er Galileis Behauptungen in Frage stellte. In Rom äußerte Pater Clavius seine Überzeugung, alle neuen Dinge, die Galilei sehe, befänden sich in den Linsen und nicht am Himmel. Mehrere andere griffen Galileis Behauptungen in gedruckter Form mit astrologischen und philosophischen Begründungen an.

Galilei nahm dazu nicht Stellung, aber ein Freund in Bologna und einer seiner Studenten in Padua veröffentlichten Antworten in seinem Sinn. Der letztere berichtete auch, Galilei habe sein Teleskop dazu verwendet, Insekten aus nächster Nähe zu untersuchen, und seine Erkenntnisse habe er dem Philosophen Cremonini mitgeteilt. Doch dieser weigerte sich rundweg, überhaupt durch ein Teleskop in den Himmel zu schauen, genau wie Giulio Libri, Professor der Philosophie in Pisa. Galilei hielt in Padua drei öffentliche Vorlesungen und berichtete an Cosimos Staatssekretär:

> „Die ganze Universität war erschienen. Ich überzeugte und stellte jedermann so sehr zufrieden, daß am Ende gerade die Wortführer, die zunächst die schärfsten Kritiker und hartnäckigsten Gegner der von mir geschriebenen Dinge gewesen waren, einsahen, daß ihr Standpunkt hoffnungslos, ja völlig unhaltbar war. Sie erklärten öffentlich, sie seien nicht nur überzeugt worden, sondern auch bereit, meine Lehren gegen jeden Philosophen zu verteidigen und zu unterstützen, der es wage, sie anzugreifen.“ (D&O 60)

Die Unterstützung für Galilei nahm im Laufe des Jahres 1610 weiter zu, als die jesuitischen Astronomen in Rom schließlich ein genügend starkes Teleskop erhielten, das ihnen die Bestätigung seiner Entdeckungen erlaubte. Clavius ließ sich allerdings auf eine Kontroverse bezüglich der bergigen Oberfläche des Monds ein, denn er meinte, es müsse sich um eine optische Täuschung handeln. Die Vorstellung von Bergen auf dem Mond stand derart im Widerspruch zur naturphilosophischen Lehre, daß dadurch in Deutschland lange Debatten ausgelöst wurden. Auch die Jesuiten in Mantua waren skeptisch, und Galilei antwortete geduldig und ausführlich auf die Einwände.

Der Disput über die vollkommene Kugelform des Mondes fand weithin in unveröffentlicht gebliebenen Briefen und Traktaten statt, weshalb er noch kaum beachtet worden ist. Doch der Widerstand gegen die Vorstellung von Bergen auf dem Mond ist durchaus charakteristisch für die damals vorherrschende Naturphilosophie, ganz abgesehen von den Argumenten, man könne dem Teleskop nicht trauen – die unlängst wieder von einigen Philosophen und Historikern aufgegriffen wurden, welche die Theorie höher als die Beobachtung ansetzen. Und zwar meinten sie, wenn Galilei ein guter Wissenschaftler und nicht ein kopernikanischer Eiferer gewesen wäre, hätte er es vermieden, sich den Offenbarungen seines Teleskops auszuliefern. Das ist genau das, was Clavius und andere zu seiner Zeit geäußert hatten. Tatsächlich gibt es keinen Beweis dafür, daß irgend etwas, das man durch gekrümmte Gläser sieht, irgendwo anders als in diesen Linsen existiert, denn was man sieht, verschwindet, wenn man die Linsen wegnimmt. Daher, so heißt es heute, wäre zunächst einmal eine vollständige Theorie der Optik notwendig gewesen, ehe man dem Teleskop trauen konnte. Galilei stand jedoch keine solche Theorie zur Verfügung.

Was dieser moderne Einwand beweist, ist, daß der Naturwissenschaft die philosophische Rechtfertigung fehlt, und meiner Überzeugung nach stimmt das; aber es trifft auf unsere eigene Naturwissenschaft genauso zu wie auf diejenige von Galilei. Wenn mit diesem Einwand allerdings behauptet werden soll, daß die Argumente der frühen Kritiker eine solidere Grundlage hatten als Galileis Beobachtung, kann ich dem nicht zustimmen. Selbst wenn sie über eine einigermaßen vollständige Theorie der Optik verfügt hätten (was nicht der Fall war) und in der Lage gewesen wären, die illusorische Natur aller Beobachtungen aufzuzeigen, wie das später Bischof Berkeley tat, hätte das nicht zu dem Ergebnis geführt, daß wir jetzt eine bessere Naturwissenschaft als diejenige Galileis hätten. Das Ergebnis hätte vielmehr sein können, daß wir gar keine Naturwissenschaft hätten, sondern nur eine Philosophie. Das wäre vielleicht gar nicht so übel, denn dann wären wir von allen Zweifeln frei. Genau darin bestand ja das Ziel der ursprünglichen Gegner Galileis: Sie verfügten nur über eine Philosophie und wünschten sich, daß das so bleibe.

Die aristotelische Naturphilosophie ließ keinen Zweifel daran, daß der Mond eine vollkommene Kugelgestalt habe, genau wie alle anderen Himmelskörper auch. Das hatte nichts mit einer Theorie der Optik zu tun; es war von der Vorstellung abgeleitet, die Quintessenz müsse vollkommen sein, und diese Vorstellung stellt keine solidere Basis für eine naturwissenschaftliche Theorie dar, als es die Beobachtung ist. Galilei machte wiederholt darauf aufmerksam, etwas könne nicht als absolut vollkommen betrachtet werden, wenn man dabei nicht auch das Kriterium in Betracht ziehe, ob es auf vollkommene Weise verwendbar sei. Als Beispiel führte er an, daß vollkommen kugelförmige Bausteine höchst unvollkommen wären, wenn man damit eine Mauer bauen wollte. Im *Dialog* sagte er:

> „Diese Doktoren der Philosophie lassen die Vorstellung gar nicht zu, der Mond könne weniger glatt poliert sein als ein Spiegel. Im Gegenteil: Er soll noch glatter poliert sein, sofern das überhaupt vorstellbar ist, denn sie meinen, nur vollkommene Formen paßten zu vollkommenen Körpern. Folglich muß die Kugelgestalt der Himmelskugeln absolut sein. Würden sie aber einräumen, irgendeine auch noch so geringe Unebenheit könnten sie ja haben, dürfte ich ohne weiteres mit einer etwas größeren Unebenheit rechnen. Denn weil die Vollkommenheit etwas absolut Ganzes ist, wird sie von einem Haar genauso verdorben wie von einem Berg." (D 80)

Sein aristotelischer Wortführer im *Dialog* erwiderte auf die Frage, warum die Himmelskörper unbedingt so vollkommen rund sein müßten:

„Da Himmelskörper unerzeugbar, unverderblich, unwandelbar, unveränderbar, ewig usw. sind, heißt das zugleich, daß sie absolut vollkommen sind; zum absoluten Vollkommensein aber gehört, daß etwas alle Arten der Vollkommenheit besitzt; das heißt, es muß kugelförmig sein, und zwar absolut und vollkommen kugelförmig, nicht annähernd und nicht unregelmäßig." (D 84)

Zur Entgegnung auf Galileis *Dialog* wurden von den Philosophen etliche Bücher veröffentlicht, aber nirgends wurde bemängelt, daß Abschnitte wie die obigen die aristotelische Naturphilosophie unrichtig darstellten. Die aristotelischen Naturphilosophen waren in Büchern aus dem Mittelalter und der Renaissance bewandert, von denen es jetzt heißt, aus ihnen habe Galilei seinen Wissenschaftsbegriff bezogen; doch sie gestanden seinen Argumenten keine Überzeugungskraft zu. Gegen seine Appelle zum Beobachten stellten sie ihre dogmatischen Prinzipien. Es stimmt, daß Galilei keine vollständige Theorie der Optik bot, aber er beschrieb mit größter Genauigkeit Experimente mit kugelförmigen und flachen Spiegeln und reflektierenden unebenen Oberflächen. Diese erwiesen, daß ein vollkommen kugelförmiger Mond, auf den die Sonne träfe, für uns mit Ausnahme eines einzigen hellen Punktes unsichtbar bliebe, während ein auch nur ein wenig unebener Mond für uns – auch ohne Berge – in etwa so gut sichtbar wäre, wie wir ihn tatsächlich sehen. Er verwendete die den Landvermessern geläufigen Methoden und vermaß bis zu vier Meilen hohe Mondberge. Doch seine Gegner vertraten weiterhin felsenfest die Ansicht, es könne auf der Mondoberfläche nicht die geringste Unebenheit geben.

Hält man diese Gegner Galileis für seriösere Wissenschaftler als ihn selbst – was heute gar nicht so selten ist –, so äußert man damit im Grunde nur seine persönliche Überzeugung, worin eine seriöse Wissenschaft bestehe. Jedem steht das Recht zu, die Philosophie der Naturwissenschaft vorzuziehen. Aber zu behaupten, Galilei habe geglaubt, die Planeten bewegten sich gleichförmig auf vollkommenen Kreisbahnen, weil er nicht imstande gewesen sei, die herkömmliche Vorstellung der Vollkommenheit des Himmels abzuschütteln, ist schlicht falsch. In seiner Darstellung des Mondes machte er sich offen über diese Tradition lustig, und an einer anderen Stelle im *Dialog* erwähnte er Unregelmäßigkeiten bei der Bewegung des Mondes wie der Sonne.

Bevor er Padua verließ, beobachtete Galilei auch das merkwürdige Aussehen des Saturn, obwohl mit seinem Instrument dessen Ringe nicht genau zu erkennen waren. Im September zog er nach Florenz um. Seine Töchter hatte er schon vorher zu seiner Mutter vorausgeschickt, und seinen Sohn ließ er bei Marina Gamba, bis dieser alt genug sein würde, um ihrer Fürsorge nicht mehr zu bedürfen. Schon bald nach seiner Ankunft im September konnte Galilei in Florenz mit Beobachtungen der Venus beginnen, die zuvor zu nahe bei der Sonne gestanden hatte, und er entdeckte ihre mondähnlichen Phasen. Das ließ darauf schließen, daß sich die Venus nicht um die Erde, sondern um die Sonne drehte, was das Himmelsgefüge des Aristoteles und Ptolemäus vollends über den Haufen warf. Damit war man jedoch noch nicht beim kopernikanischen System, denn auch in Tycho Brahes astronomischer Vorstellung umkreiste die Venus die Sonne, und trotzdem galt die Erde noch als unbewegt. Doch Galilei hielt Tychos System mit Recht für völlig unhaltbar, denn eine Sonne, die alle anderen Planeten täglich um sie selbst kreisen lassen konnte, die Erde aber unbeweglich stehen ließ, war undenkbar.

Die Phasen der Venus waren besonders interessant, denn sie erklärten ein Phänomen, das Kopernikus selbst als sehr rätselhaft vermerkt hatte. Wenn die Entfernung zwischen Venus und der Erde so stark schwankte, wie das gemäß seinem System der Fall sein mußte, dann mußte sich doch eigentlich die sichtbare Größe dieses Planeten viel stärker verändern, als sie es tatsächlich tat. Nun zeigte aber das Teleskop, daß die Venus an ihrem von der Erde entferntesten Punkt ganz (wie der Vollmond) von der Sonne bestrahlt wurde, während nur ein ganz schmaler Halbmond von ihrer viel größeren sichtbaren Scheibe beleuchtet wurde, wenn sie der Erde am nächsten stand. Galilei rechnete es Kopernikus hoch an, daß er sich von einem Phänomen, das er nicht erklären konnte, nicht hatte irritieren lassen:

> „Um wie vieles weniger würde sein erhabener Intellekt unter den Gebildeten gefeiert! Denn wie ich bereits sagte, können wir sehen, daß er sich von seinem Verstand führen ließ und entschieden an etwas festhielt, dem die sichtbare Erfahrung zu widersprechen schien." (D 339)

Das mag auf den ersten Blick nicht mit Galileis sonstiger Auffassung von Wissenschaft, wie sie oben beschrieben wurde, zusammenpassen, tut es aber durchaus. Kopernikus berief sich nicht auf etwas jenseits „wahrnehmbarer Erfahrungen und notwendiger Demonstrationen", und als erst einmal dieses besondere Rätsel durch Beobachtung gelöst war, war es leicht, auch die Demonstrationen zu liefern. Worauf Galilei hier hinaus wollte, war, daß es in der Wissenschaft empfehlenswert sei, bei noch nicht gelösten Problemen das Urteil offenzuhalten, weiterzumachen und sich vor allem auf den Befund zu konzentrieren. Hingegen sei es keine wissenschaftliche Lösung, mit willkürlichen Spekulationen daherzukommen. Das taten zum Beispiel im Disput über die Berge auf dem Mond Galileis deutsche Gegner und auch Ludovico delle Colombe, ein in Florenz lehrender Philosoph: Um an der glatten kugelförmigen Oberfläche des Mondes festhalten zu können, äußerten sie die Vermutung, die Mondoberfläche könne ja aus durchsichtigem Kristall bestehen und darunter habe Galilei Berge gesehen, von denen er irrtümlicherweise angenommen habe, sie seien auf der Mondoberfläche. Colombe schrieb diese Vorstellung an Clavius nach Rom, von wo aus der Sekretär des Kardinals Joyeuse sie an Galilei weiterreichte, um seine Meinung darüber zu erfahren, an der der sehr wohlwollende Kardinal interessiert war.

Galilei gab zur Antwort, er gestehe seinen Gegnern diese kristallene Substanz zu, sofern sie genauso entgegenkommend seien und ihm gestatten würden, daraus Berge aufzuschichten, die zehnmal so hoch wären wie diejenigen, die er tatsächlich auf dem Mond vermessen habe.

Diese Technik, Gegnern zu antworten, indem man Konsequenzen zieht, die sich aus der Logik ihrer eigenen Ansichten ergeben, die sie selbst aber weder akzeptieren noch auf logischem Weg widerlegen können, nennt man ein *argumentum ad hominem.* Sie ermöglicht es einem, den Standpunkt des anderen zu zerstören, ohne überhaupt selbst einen festen Standpunkt einzunehmen, und Galilei verwendete sie häufig. Seinen heutigen Kritikern entgeht oft die Logik derartiger Argumente; sie glauben dann, er habe verschiedene Dinge als wahr anerkannt, die er doch nur aufgriff, um bestimmten Argumenten den Wind aus den Segeln zu nehmen, so daß ihre Beweiskraft in sich zusammensackte.

Das erste Problem, das Galilei in Florenz in Angriff nahm, war die Bestimmung der Umlaufbahnen und Perioden der vier Jupitermonde. Diese Aufgabe war so schwierig, daß Kepler öffentlich seine Zweifel geäußert hatte, ob sie überhaupt zu lösen sei. Im Dezember schickte Galilei in Form eines Anagramms die Nachricht nach Prag, er habe die Phasen der Venus entdeckt, und er erwähnte, auch den Mondperioden sei er bereits auf der Spur. (Galilei verwendete Anagramme – Wörter mit umgestellten Buchstaben, so daß sie andere Wörter ergaben, also eine Art von verschlüsseltem Text, um später genau die Zeitpunkte der Entdeckung nennen zu können, falls andere den Anspruch erhoben, etwas früher entdeckt zu haben. Die Buchstaben der Wörter, die eine Entdeckung beschrieben, wurden auf solche Weise verschlüsselt und in einem genau datierten Brief an einen Freund geschickt. Später verwendeten auch Huygens und Newton auf ähnliche Weise Anagramme.) Galileis Schlüssel für die Mondperioden funktionierte recht gut; im März 1611 verfügte er über die erforderlichen Grunddaten, um Voraussagen machen zu können, und im April begann er, während eines Besuchs in Rom Tabellen von Mondbewegungen zu erstellen.

Die erste naturwissenschaftliche Gesellschaft von bleibender Bedeutung war 1603 in Rom von vier jungen Männern unter Vorsitz von Federico Cesi gegründet worden, der ihr den Namen „*Accadèmia dei Lincei*" gab. Cesi gab ein Bankett für Galilei, auf dem das neue Wort „Teleskop" geprägt wurde, und die Gäste beobachteten die neuentdeckten Phänomene am Himmel. Eine Folge des Umzugs Galileis von der Universität an den Hof war, daß er über neue wissenschaftliche Entwicklungen nicht mehr so gut auf dem laufenden war. Doch da er jetzt in die *Accadèmia dei Lincei* aufgenommen wurde und in der Folge mit ihren Mitgliedern in Italien und im Ausland korrespondierte, war er fortan besser informiert als seinerzeit an der Universität.

In Rom frischte Galilei auch seine Bekanntschaft mit Clavius und Kardinal Bellarmin wieder auf. Die jesuitischen Astronomen am römischen Kolleg feierten ihn in einer speziell einberufenen Konferenz. Mehrere Kardinäle und andere Kirchenleute besuchten seine häufigen Vorstellungen teleskopischer Entdeckungen, darunter diejenige der Sonnenflecken, die Galilei damals noch für bloße Merkwürdigkeiten hielt. Papst Paul V. gewährte ihm eine Audienz. Bislang gab es noch keinerlei Anzeichen theologischer Gegnerschaft gegen Galilei oder seine Entdeckungen, obwohl Bellarmin an die Inquisition in Venedig schrieb, um in Erfahrung zu bringen, ob bei den dortigen Verfahren gegen Cremonini auch Galileis Name gefallen sei. Vermutlich geschah das, weil Galilei Bellarmin gegenüber das Thema angeschnitten hatte, daß in seinem Werk etliches an kopernikanischen Gedanken stecke. Cremonini hatte damit nichts zu tun, aber die Inquisition hatte immer ein scharfes Auge auf ihn, weil er sich weigerte, in seinen Büchern zuzugeben, daß bestimmte Lehren des Aristoteles für ketzerisch erklärt worden seien, z.B. daß die Seele sterblich oder das Universum ewig sei.

Galilei kehrte voller guter Erinnerungen an seine herzliche Aufnahme in Rom nach Florenz zurück, wurde jedoch bald in einen heftigen Disput mit Philosophen über eine physikalische Frage verwickelt. Filippo Salviati, ein Florentiner Patrizier, der eine Gruppe gegründet hatte, die sich regelmäßig in seinem Haus zu intellektuellen Diskussionen traf, lud Galilei zur Teilnahme ein. Im Juni 1611 diskutierten sie über Verdichtung und Verdünnung, ein alter Streitpunkt zwischen Aristoteles und den Atomisten. Vincenzio di Grazia, ein Philosophieprofessor aus Pisa, bezeichnete Eis als „verdichtetes Wasser". Galilei äußerte, man sollte es richtiger „verdünntes Wasser" nennen, da es schwimme. Di Grazia entgegnete, das liege an seiner breiten, flachen Form, mit der es den Widerstand des Wassers nicht durchdringen könne. Darauf wendete Galilei ein, wenn man ein flaches Eisstück unter Wasser drücke und dann loslasse, scheine es sehr wohl einen solchen Widerstand durchdringen zu können, sofern es einen solchen gebe. Er bezweifelte, daß ein Festkörper durch den Widerstand des Wassers am Sinken gehindert würde, da sich selbst die kleinsten Schmutzpartikel mit der Zeit absetzten. Als man dagegen argumentierte, wenn man mit einem Schwert flach aufs Wasser schlage, spüre man deutlich seinen Widerstand, räumte Galilei ein, daß Wasser der *Geschwindigkeit* der Bewegung widerstehe, aber nicht der Bewegung als solcher, wie auch Aristoteles gesagt hatte.

Di Grazia erwähnte Galileis Argumentation Colombe gegenüber, der ohnehin nicht gut auf Galilei zu sprechen war, und zwar wegen dessen massiver Kritik an einem Buch, das er über den neuen Stern von 1604 veröffentlicht hatte. Er erbot sich, in einem öffentlichen Experiment vorzuführen, daß Galilei Unrecht habe und tatsächlich die Form das Schwimmen verursache. Dabei wollte er flache Ebenholzscheiben schwimmen lassen, die im Gegensatz zu Ebenholzkügelchen nicht sanken. Derweil hatten Höflinge Cosimo hinterbracht, sein Mathematiker lasse sich auf Dispute ein, die seinem Ansehen eventuell schaden könnten, und so wies dieser Galilei an, seine Argumente nur in schriftlicher Form zu verteidigen und öffentlichen Streitereien aus dem Weg zu gehen. Während Galilei dies tat, wurde ein neu nach Pisa berufener Philosophieprofessor eingeladen, um bei einem Hofbankett über dieses Thema mit Galilei zu diskutieren. Dabei waren auch zwei gerade in Florenz zu Besuch weilende Kardinäle zugegen. Galilei ging aus dieser Diskussion als strahlender Sieger hervor; auf seine Seite hatte sich auch Maffeo Kardinal Barberini geschlagen, der spätere Papst Urban VIII.

Jetzt überarbeitete Galilei seine Verteidigungsschrift und erweiterte sie zu einer systematischeren Abhandlung über schwimmende Körper. Er schrieb sie in Salviatis Villa wenige Meilen westlich von Florenz, wo er sich von einer Krankheit erholte, die er der schlechten Stadtluft zuschrieb (aber vermutlich hatte sich sein Gesundheitszustand deshalb verschlimmert, weil er zunehmend durch Hofintrigen und die wachsende Feindseligkeit seiner philosophischen Gegner angespannt war). Er schuf eine neue Grundlage für die Hydrostatik und verwendete dafür zwei Grundsätze aus seiner Mechanik. Dabei erklärte er zum erstenmal, wie ein schwerer Balken in sehr wenig Wasser schwimmen kann. Er wendete darauf das archimedische Prinzip an, das er von Anfang an vertreten hatte. Diesem Prinzip schien allerdings die Tatsache zu widersprechen, daß dünne Holzscheiben mit größerer Dichte als Wasser auf dem Wasser schwimmen. Seiner Überzeugung nach galt das Prinzip für diese jedoch genauso wie für einen schwimmenden Teekessel. Er hatte beobachtet, daß solche Scheiben etwas tiefer als die sie umgebende Wasseroberfläche schwimmen, und zwar in kleinen flachen Wannen, die genügend Luft enthielten, um die Gesamtdichte von Holzscheibe plus Luft genauso groß wie diejenige des Wassers werden zu lassen. Daß es nicht an der flachen Form lag, wenn etwas schwamm, zeigte er mit Hilfe von kleinen Wachskegeln, die er mit Eisenfeilspänen schwerer gemacht hatte: Sie sanken, wenn er sie mit der Unterfläche auf das Wasser setzte, schwammen aber, wenn die Spitze nach unten zeigte, wo doch das Umgekehrte zu erwarten gewesen wäre, wenn das Wasser flachen Körpern einen größeren Widerstand gegen seine Teilung entgegensetzen würde als spitzen Gegenständen.

Obwohl man meinen sollte, eine Abhandlung über Hydrostatik werde nur auf wenig Interesse stoßen, brachte es Galileis Buch 1612 zu zwei Auflagen. Viele Leser berichteten, es habe sie überzeugt, nachdem sie zunächst Galileis Annahmen für widersprüchlich gehalten hätten. Das rege Interesse ist daraus zu erklären, daß Galilei sehr viele unterschiedliche und ansprechende Experimente beschrieb, für die man keine besondere Ausrüstung brauchte und die vorzunehmen recht unterhaltsam war. Vier Philosophieprofessoren gaben langatmige Angriffe gegen Galileis Buch in Druck, nicht weil Aristoteles viel über schwimmende Körper gesagt hätte, sondern weil die Grundlehren über Verdichtung und Verdünnung in Gefahr zu kommen drohten. In ihrer Abneigung gegen Galilei griffen sie ihn sogar in Punkten an, wo er mit Aristoteles übereinstimmte, etwa wenn er sagte, die Form habe keinen Einfluß auf das Sinken, sondern nur auf die Sinkgeschwindigkeit. Die aristotelische Naturphilosophie war in ein derart systematisches logisches System gebracht worden, daß, wenn man ein Prinzip aufgab, auch alles andere nicht mehr stimmte. Galileis Ansatz war ganz anders: Er ging nicht vom Gesamtsystem aus, sondern baute seine Wissenschaft Stück für Stück auf, so daß für seine Anhänger gar nicht erst die Gefahr bestand, daß eine einzelne problematische Erkenntnis das ganze System hätte ins Wanken bringen können.

In seinem Buch über die Hydrostatik äußerte Galilei die Auffassung, die Autorität des Archimedes sei nicht mehr wert als diejenige des Aristoteles; er behauptete, Archimedes habe nur deshalb recht, weil seine Lehrsätze mit seinen Experimenten übereinstimmten. In unserer Zeit hat man fälschlicherweise angenommen, Galilei habe die Beweiskraft der Mathematik höher angesetzt als diejenige des Experiments. Das ist, als würde man sagen, er habe geglaubt, die wirklichen Positionen der Jupitermonde seien nicht diejenigen, die er beobachtet, sondern diejenigen, die er errechnet habe, oder daß die tatsächlichen Positionen einer Kugel längs einer schiefen Ebene nicht diejenigen gewesen seien, die er gemessen habe. Eine derartige Behauptung findet sich bei Galilei ganz und gar nicht; vielmehr sagte er:

> „Wenn Sie eine materielle Kugel auf eine materielle Ebene setzen, bringen Sie dabei ganz konkret eine unvollkommene Kugel und eine unvollkommene Ebene zusammen, und Sie sagen, diese berührten einander nicht nur an einem einzigen Punkt. Aber ich sage Ihnen, daß selbst ganz abstrakt eine immaterielle Kugel, die nicht vollkommen ist, eine immaterielle Ebene, die nicht vollkommen eben ist, nicht in nur einem einzigen Punkt berühren kann, sondern mit einem größeren Teil ihrer Oberfläche berührt. Was also hier im Konkreten geschieht, geschieht genauso im Abstrakten.
>
> Es wäre mir in der Tat neu, wenn die Buchführung in abstrakten Zahlen nicht konkreten Gold- oder Silbermünzen oder Handelsvorgängen entsprechen würde. Genau wie ein Buchhalter, der exakt Zucker, Seide und Wolle erfassen will, davon Kisten, Ballen und Verpackung abziehen muß, so muß auch der Philosophen-Geometer die materiellen Widerstände wegrechnen, wenn er im Konkreten die Wirkungen nachweisen will, die er im Abstrakten bewiesen hat. Ist er dazu tatsächlich imstande, so versichere ich Ihnen, daß die materiellen Dinge genauso exakt sind wie die arithmetischen Berechnungen. Die Unschärfen ergeben sich deshalb nicht aus den Umständen, daß etwas abstrakt oder konkret ist, sondern sie sind vom Buchhalter verursacht, der es nicht versteht, seine Buchführung auszugleichen." (D 207f.)

Galilei gibt der Mathematik in der Physik einen Stellenwert, der ganz anders ist als bei Platon und auch ganz anders als bei Aristoteles. Platon war der Auffassung, einzig die Welt der reinen mathematischen Ideen sei des Studiums wert; entsprachen ihnen bestimmte physische Gegenstände nicht, so war das ihr Pech, denn sie waren nun einmal schadhaft und unvollkommen. Aristoteles war der Ansicht, die Berechnungen der Mathematik hätten mit der Physik nichts zu tun, da die Mathematiker die Materie völlig vernachlässigten. Beide Philosophen kamen mit der Tatsache nicht zurecht, daß die Mathematik rein abstrakten Charakters ist, die Welt hingegen ganz aus konkretem Material besteht. Galilei dagegen war davon fasziniert, als was für ein nützliches Werkzeug die abstrakte Mathematik sich für das Studium der konkreten Physik erwies. Den Umstand, daß die Berechnung sich nicht ganz exakt mit der Beobachtung deckte, sah er nicht als Grund, eines von beidem zu bevorzugen oder zu verwerfen. Wenn etwas nicht genau stimmte, konnte das ein Hinweis darauf sein, daß man noch irgend etwas übersehen und nicht miteinberechnet hatte; es war jedoch kein Argument dafür, entweder die Mathematik oder die Beobachtung bleiben zu lassen.

Nachdem sich erst einmal diese Auffassung eingebürgert hatte, wie das im Laufe des 17. Jahrhunderts geschah, wurde der Fortschritt der Mathematik sehr vom Bedarf der Physiker vorangetrieben. Sowohl Galilei wie Descartes und Newton erfanden etliche mathematische Berechnungsmethoden, die für die Physik nützlich waren, während die reinen Mathematiker für sie zunächst gar keinen Bedarf empfunden hatten, sie nun aber doch anzuwenden begannen. Selbstverständlich lieferten auch umgekehrt die Mathematiker den Physikern neue mathematische Methoden. Die alten philosophischen Schranken, die Platon und Aristoteles aufgerichtet hatten, wichen einem neuen Verständnis sowohl der Physik wie der Mathematik.

5. Konflikte mit Astronomen und Theologen

Während Galilei sein Buch über schwimmende Gegenstände schrieb, veröffentlichte der deutsche Jesuit Christopher Scheiner unter einem Pseudonym ein Buch über die Sonnenflecken. Seine Oberen hatten ihm untersagt, eine Schädigung des Ansehens seines Ordens zu riskieren, weshalb er sein Buch in der Form von Briefen an Markus Welser in Augsburg schrieb, der zuvor Galilei den deutschen Angriff gegen die Mondberge geschickt hatte. Welser war ein Bankier der Jesuiten und wurde schon bald als Mitglied in die *Accadèmia dei Lincei* aufgenommen. Er gab Scheiners Briefe unter dem Namen „Apelles" in Druck und schickte sie zur Beurteilung an Galilei, wobei er anmerkte, er nehme nicht an, daß für den Italiener Sonnenflecken etwas Neues seien.

Galilei erhielt dieses Material, als er sich gerade zu einem Besuch in Florenz befand, um sein neues Buch einem Drucker anzuvertrauen. Sein früherer Schüler, ein Benediktinerabt namens Benedetto Castelli, war ebenfalls nach Florenz gekommen, um das Buch beim Drucken zu überwachen; außerdem sollte er so sorgfältig wie möglich tägliche Beobachtungen der Sonnenflecken vornehmen. Castelli registrierte diese derart exakt, daß sich die tägliche Bewegung eines Flecks messen ließ, was Galilei den Beweis ermöglichte, daß die Flecken sich auf der Oberfläche der Sonne befinden mußten und sich die Sonne ungefähr einmal im Monat ganz um die eigene Achse drehte. Scheiner hatte den Schluß gezogen, das, was man als Sonnenflecken bezeichnete, seien in Wirklichkeit kleine Planeten, die sich entweder um die Erde oder die Sonne drehten und unsere Sicht behinderten. Er schrieb weitere

Briefe, die Welser ebenfalls in Druck gab und die ebenfalls von Galilei beantwortet wurden. Galileis drei *Briefe über die Sonnenflecken* wurden 1613 in Rom unter der Schirmherrschaft der *Accadèmia dei Lincei* veröffentlicht. Die *Lincei* bestanden darauf, daß ein Vorwort hinzugefügt wurde; darin wurde gegen den Willen Galileis ausdrücklich betont, daß er die Sonnenflecken als erster entdeckt habe.

Galilei hatte 1611 während seines Aufenthalts in Rom anderen die Sonnenflecken gezeigt, und später äußerte der Jesuit und Mathematiker Paul Guldin, er habe damals Scheiner davon berichtet. Bereits vor Scheiners Buch war ein anderes Buch über die Sonnenflecken von einem Autor namens Johann Fabricius erschienen. Doch Scheiner ärgerte sich genau wie viele andere Jesuiten darüber, daß im römischen Vorwort behauptet wurde, Galilei habe als erster die Sonnenflecken entdeckt. Das war der Anfang seiner langen und bitteren Abneigung, die schließlich für Galilei schwere Folgen haben sollte.

Sowohl Scheiner wie Galilei behandelten nicht nur die Sonnenflecken, sondern auch viele andere astronomische und sonstige Fragen. Galilei vertrat die Auffassung, alle Himmelsphänomene solle man anhand irdischer Analogien behandeln, was gegen die Grundthese des Aristoteles verstieß, daß Irdisches und Himmlisches seinem Wesen nach ganz verschieden sei. Er behauptete ferner, das Wesen der Dinge lasse sich nicht erkennen, weshalb die Naturwissenschaft sich nur mit ihren Eigenheiten und beobachtbaren Verhaltensweisen befasse. Das lief auf eine Unabhängigkeitserklärung der Naturwissenschaft von der Philosophie hinaus.

Zum ersten (und einzigen) Mal äußerte sich Galilei in gedruckter Form eindeutig zugunsten der kopernikanischen Astronomie. Er hatte das im *Sidereus nuncius* vermieden, und selbst nachdem er die Venusphasen entdeckt hatte, verwendete er diese nicht als Beweise gegen das System des Tycho Brahe. Galilei erwähnte nur in einem Zusatz zu seinen *Briefen über die Sonnenflecken*, was für ihn zum entscheidenden Auslöser geworden sei. Das war die Entdeckung der Eklipsen der Jupitermonde sowie einer einfachen Methode, solche Finsternisse vorauszuberechnen. Ihre Bedeutung als wissenschaftlicher Beweis für das kopernikanische System ist so groß, daß das eine kurze Erläuterung rechtfertigt, vor allem, weil Galilei so wenig darüber gesagt hat.

Um die genaue Position der Monde vorausberechnen zu können, war es notwendig, eine Korrektur an der Vorstellung von der Bewegung der Erde oder – folgt man der alten Astronomie – an der Bewegung der Sonne vorzunehmen. Dieser Schritt war im kopernikanischen System außerordentlich sinnvoll, denn seine Unterlassung bedeutete das gleiche, wie wenn man den Beobachter auf die Sonne versetzt hätte. Die neue Hypothese lieferte Galilei auf der Stelle den Schlüssel zur Vorausberechnung der Mondfinsternisse, als er 1612 zum erstenmal erkannte, daß solche Finsternisse stattfanden. Nun ist vom rein mathematischen Standpunkt aus das System des Tycho mit demjenigen des Kopernikus identisch. Doch als 1614 Simon Mayr den Anspruch erhob, als erster die Jupitermonde entdeckt zu haben, und Tabellen über ihre Bewegung veröffentlichte, die etwas genauer als die 1612 von Galilei verwendeten waren, räumte er ein, er habe niemals eine Mondfinsternis gesehen und er verfüge auch über keine Methode, sie vorauszuberechnen. Die oben genannte Korrektur wurde auch in seinen Tabellen vorgenommen, aber für den tychonischen Astronomen hatte das keine weitere Bedeutung als die, daß man die „Bewegung der Sonne" empirisch genauer erfaßte. Mayr konnte einfach nicht glauben, daß er sich selbst um die Sonne bewegte, und er war nicht bereit, sich vorzustellen, was man wohl von der Sonne aus sehen würde. Die Astronomen, welche die Bewegung der Erde leugneten, hatten ziemliche Schwierigkeiten, die Bewegungen, die sie beobachteten, abgesehen von der „mathematischen Entsprechung" richtig zu verstehen.

Außer in seinem Anhang zu den *Briefen über die Sonnenflecken* veröffentlichte Galilei nichts über Mondfinsternisse, und das aus zwei Gründen. Der erste Grund war, daß er hoffte, ein bestimmtes eigenes Schema zur Bestimmung von Längengraden auf den Markt bringen zu können, weshalb er seine Rechenmethode geheimhielt. Der zweite Grund war, daß Galilei davon abgehalten wurde, jemals wieder über die Erdbewegung als tatsächliches Phänomen zu schreiben, und zwar durch die Ereignisse, die im folgenden geschildert werden sollen. Außerdem ließ sich ein so kompliziertes fachliches Thema wie das der Mondfinsternisse den Laien unter den Lesern seines *Dialogs* nicht erklären, ganz abgesehen davon, daß sie glaubten, die Erde stehe fest.

Weil wir uns jetzt der Abfolge von Ereignissen nähern, die schließlich direkt zum Einschreiten der Kirche bei einem rein naturwissenschaftlichen Thema führten, dürfte es sinnvoll sein, einige Bemerkungen vorauszuschicken.

Man sagt heute oft, der unwiderlegliche Beweis für die jährliche Umdrehung der Erde sei erst im frühen 19. Jahrhundert erbracht worden, als die hohe Präzision der astronomischen Instrumente erstmals die Entdeckung der Parallaxe von bestimmten Fixsternen ermöglichte. Ferner habe man für den direkten Beweis der täglichen Erdumdrehung auf das Foucaultsche Pendel Mitte des 19. Jahrhunderts warten müssen. Solche Aussagen sind verführerisch, aber sie verfälschen den wahren Sachverhalt, wenn es um das geht, was die Naturwissenschaftler glaubten. Im 19. Jahrhundert hegte kein Naturwissenschaftler mehr Zweifel, die ihm dann dank dieser Beweise endgültig genommen worden wären. Das Thema der Bewegungen der Erde war für die Naturwissenschaftler mit Newtons Gesetz der allgemeinen Schwerkraft praktisch abgeschlossen. Es verknüpfte zahllose astronomische Messungen und das Phänomen der Gezeiten mit der Tatsache, daß die Erde selbst in zwei Bewegungen begriffen ist.

Jemand könnte einwenden, auch wenn das stimme, bleibe es doch auch wahr, daß Galilei keinen unwiderlegbaren Beweis für das System des Kopernikus hatte, da er schon starb, noch ehe Newton geboren wurde. Das ist richtig, und tatsächlich enthielt sich Galilei der Behauptung, er habe endgültige Beweise. Worüber er verfügte, war eine Vielzahl von Beweisen, die es erlaubte, solche Phänomene wie die Phasen der Venus, Mondfinsternisse, planetarische Geschwindigkeiten und Entfernungen von der Sonne und die Existenz von Gezeiten miteinander zu verknüpfen. Er verstand es, all das mit seiner irdischen Physik zu vereinbaren, und das zeigte, daß die aristotelische Kosmologie und Physik auf verschiedenen Gebieten fehlerhaft war. Es gab immer noch jede Menge offener, ja verwirrender Fragen, doch in dieser Hinsicht war er in der gleichen Lage wie Newton – und im Grunde wie auch wir heute noch. Nichts auf dem Gebiet der Naturwissenschaft ist gegen weitere Entdekkungen gefeit. Die Naturwissenschaft schreitet fort, indem sie sich schwerwiegenden Beweisen fügt, und nicht, indem sie bestimmten gezielten Interessen folgt. Die Erkenntnisse, über die Galilei verfügte, ließen die Annahme zu, daß die Erde tatsächlich zwei Bewegungen ausführe, und Galileis Glaube daran war wissenschaftlicher Natur, auch wenn sich einige der Beobachtungen, auf die er sich stützte, später als wissenschaftlich unzureichend erwiesen.

Vor diesem Hintergrund können wir sehen, warum sich Galilei gezwungen fühlte, alles zu tun, was er nur konnte, um nicht einen Fehler der Kirche aufzudecken, der womöglich ihre Weisheit in Mißkredit bringen würde. Die Schwierigkeit dabei war, daß noch nicht einmal Fachleute auf dem Gebiet der Astronomie richtig erfassen konnten, wie stark die Beweise waren, die Galilei gefunden hatte. So war es unmöglich, sie Theologen plausibel zu machen, die nicht Fachleute der Astronomie und Physik waren, sondern sich nur aus aristotelischer Sicht mit diesen Gebieten beschäftigten. Folglich wäre jeder Versuch, sie zu überzeugen, vergeudete Zeit gewesen. Andererseits hatten die Gründerväter des Christentums klugerweise den Glauben von der Naturwissenschaft getrennt, und zwar ausdrücklich deshalb, um derartige Krisen, die es bereits in ihren Tagen gegeben hatte, auf elementarstem Niveau zu vermeiden. Dementsprechend berief sich Galilei in seinem Eifer, seine Kirche vor genau dem Fehler zu bewahren, den sie dann tatsächlich 1616 beging, auf ihre Autorität.

Die Kluft zwischen unwiderleglichem Beweis und vielen überzeugenden Anhaltspunkten trennt die Wissenschaft des Aristoteles von derjenigen Galileis. Das haben Galileis Kritiker immer noch nicht richtig erfaßt, die ihm Begründungen für sein Vertrauen in seine Wissenschaft zuschreiben, die gar nicht die seinigen waren, auch wenn er seiner Wissenschaft nicht weniger glaubte als seiner Religion. Über die Art von Beweisen, die Kardinal Bellarmin als zwingend betrachtet hätte, verfügte Galilei nicht, und seine heutigen Kritiker heben nur allzugern diesen Umstand hervor. Doch daß seine Beweise stark in die eingeschlagene Richtung wiesen, das stützte Galilei; und weil es sich dabei um das handelt, was stets in der Wissenschaft zählt, versteht man sein Verhalten am besten, wenn man sich daran immer wieder erinnert.

Ferner sollte man sich immer dessen bewußt sein, daß es Galilei im ganzen Verlauf der Auseinandersetzungen von 1613 bis 1616 nicht darum ging, Beweise für die Richtigkeit einer wissenschaftlichen Position vorzubringen; vielmehr war es sein Anliegen, rein wissenschaftliche Fragen von Glaubensdingen zu trennen, damit der Freiraum für eine weitere vernünftige Diskussion erhalten blieb. Oft ist zu lesen, er habe die Kirche zur Übernahme des kopernikanischen Systems bewegen wollen. Das ist nicht nur falsch, sondern geht ganz am eigentlichen Kernpunkt der tatsächlichen Diskussion vorbei. Galilei wollte überhaupt nicht, daß die Kirche sich für eine bestimmte Antwort auf irgendeine wissenschaftliche Frage entscheide und die andere verbiete, also daraus eine Glaubensfrage mache. Er schrieb, wenn die Kirche schon irgend etwas verbieten wolle, dann jedes Einbringen von „Beweisen" aus der Bibel in Fragestellungen, die sich ohne sie klären ließen, nämlich einzig mittels Erfahrung und Vernunft. So sah die Trennung zwischen Religion und Wissenschaft aus, die Galilei sich wünschte. Das Recht der Kirche zum Einschreiten stellte er nie in Frage, aber er sprach sich entschieden dagegen aus, daß es ausgeübt werde. Auf dieser Trennung hatte im übrigen schon vor langer Zeit der heilige Augustinus bestanden, der darauf hingewiesen hatte, auf astronomischem Gebiet könne unter Umständen ein Ketzer besser informiert sein als ein Christ; folglich sollten die Christen ihre Zeit nicht dem Studium der Astronomie widmen, sondern lieber der frommen Andacht; und es sei fehl am Platz, den Christen vorzuwerfen, in solchen Dingen hätten sie keine Ahnung.

Dank Galileis Empfehlung wurde Castelli 1613 auf seinen eigenen früheren Lehrstuhl für Mathematik an der Universität von Pisa berufen. Der Leiter der Universität warnte ihn bei der Übernahme dieser Stelle davor, ja nicht das System des Kopernikus zu lehren. Castelli entgegnete, diesen Rat habe ihm bereits Galilei gegeben und obendrein habe er ihm gesagt, daß er selbst das in seinen fast zwanzig Jahren als Universitätsprofessor nie getan habe. Man muß sich hier erinnern, daß Galilei während seiner Universitätslaufbahn noch nicht über die Beweise für Kopernikus' Theorie verfügt hatte, die er jetzt besaß, auch wenn sie nach Meinung seiner heutigen Kritiker immer noch nicht ausreichten, um wirklich zu einer festen wissenschaftlichen Überzeugung zu führen. Ich denke, eigentlich sollte man aus der Sicht dieser Kritiker den Rat Galileis an Castelli für angemessen halten; aber sie deuten das lieber als Bestätigung für ihre Behauptung, Galilei habe lange auf heuchlerische Weise mit seinen wissenschaftlichen Überzeugungen hinter dem Berg gehalten. Wie man Galileis Rat an Castelli nun auch einschätzt, jedenfalls zeigt er, daß er Ende 1613 kein glühender Anhänger des Kopernikus war, obwohl er bereits über alle wissenschaftlichen Beweise verfügte, derer er jemals habhaft werden konnte.

Die Philosophieprofessoren, die mit Galilei über die schwimmenden Körper gestritten hatten, bildeten nun in Florenz unter Anführung Colombes einen Bund, dessen Mitglieder es unternahmen, alles zu widerlegen, was Galilei sagte. Die meisten von ihnen waren Professoren in Pisa, und sie waren vom Anfang seiner dortigen Lehrtätigkeit an feindselig gegen Castelli eingestellt, weil dieser ein Schüler Galileis war. Gegen Ende 1613 wurde Castelli zu einem Frühstück an den Hof eingeladen, bei dem ihn Cosimo, seine Mutter (die Großherzogin Christina), seine Frau (die Erzherzogin) und andere Mitglieder der Familie Medici in ein Gespräch über die Jupitermonde verwickelten, denen Galilei ihnen zu Ehren den Namen „die Mediceischen Sterne" gegeben hatte. Ein Philosophieprofessor, der auf den Platonismus spezialisiert war, ergriff die Gelegenheit, um Christina zu sagen, daß Galilei – der nicht dabei war – sich irre, wenn er behaupte, die Erde bewege sich, denn das widerspreche der Bibel.

Nach dem Frühstück hielt Christina Castelli zurück, um mit ihm als Theologen über diesen Punkt zu sprechen und vor allem um mit ihm das biblische Wunder des Josua zu erörtern, das darin bestanden haben sollte, daß die Sonne in ihrem Lauf anhielt. Castelli beantwortete alle Fragen, die ihm gestellt wurden, und er nahm den Standpunkt ein, rein naturwissenschaftliche Dinge sollten auf dem Boden der Wissenschaft geklärt werden, und von da aus könne man bestimmen, ob eine bestimmte Bibelstelle wörtlich oder metaphorisch zu verstehen sei. Er schickte einen Bericht über diesen Vorfall an Galilei nach Florenz, woraufhin Galilei seinen langen *Brief an Castelli* verfaßte, in dem er alles, was dieser gesagt hatte, guthieß und noch weiteres anfügte. Das war der erste Brief, in dem Galilei ausdrücklich sagte, die Theologen sollten in allen Dingen, von denen man sagen konnte, sie ließen sich ganz unter Verwendung von „sinnenhaften Erfahrungen und notwendigen Demonstrationen" entscheiden, die Freiheit des Forschens gestatten. Dieser Satz beschränkte das Tätigkeitsfeld der Naturwissenschaft auf das, was nichts mit der Rettung der Seele zu tun hatte. In Galileis Augen konnte zwischen der Natur als der Vollstreckerin des göttlichen Willens und der Bibel als der Hüterin des göttlichen Wortes kein Widerspruch bestehen. Die Bibel spreche oft metaphorisch und immer zum leichten Verständnis für gewöhnliche Menschen. Ihre Worte seien der Auslegung unterworfen, die man den Theologen überlassen solle, während die Natur unerbittlich für sich selbst spreche.

Bei ein oder zwei Gelegenheiten hatte man schon einmal die

Bibel ins Spiel gebracht, aber diese war die erste ernsthafte. In einem gegen den *Sidereus nuncius* gerichteten Buch war das Zeugnis der Bibel gegen die Jupitermonde angerufen worden. Das war 1611, als Galilei gerade in Rom weilte, und die Jesuiten hatten ihm gesagt, sie hielten von dem Buch nicht viel. 1612 hatte Galilei das Gerücht erreicht, Niccolò Lorini, ein alter Dominikaner, der in hoher Gunst der Medici stand, habe geäußert, „dieser Mensch Ipernicus" scheine der Bibel zu widersprechen. Der Bund von Florenz hatte vorgeschlagen, einen Priester zum Angriff gegen Galilei vorzuschicken, war aber deswegen von einem Kirchenmann, vielleicht dem Erzbischof von Florenz, in dessen Haus man sich getroffen hatte, getadelt worden. Jetzt hatte ein Professor der Philosophie bei Galileis Arbeitgeber gegen dessen Ansichten gesprochen, und Galilei mußte darauf reagieren.

Aus jahrelanger Erfahrung hatte er gelernt, daß die beste Strategie darin bestand, die Fakten und bloße Meinungen streng auseinanderzuhalten. Als es nun um die Frage der Position des neuen Sterns ging, bestimmte Galilei diese mittels gewöhnlicher Meßtechniken. Cremonini argumentierte, da die Substanz dieses Sterns vergänglich sei, könne er nicht am Himmel stehen. Galilei behandelte das als eine Meinung, der das Faktum widerspreche. Auch bei der Frage der schwimmenden Körper widersprachen die durch Beobachtung gewonnenen Fakten den Meinungen über die Gründe. Und in der Auseinandersetzung über die Sonnenflecken widerlegten die Fakten die Meinung, sie seien weit von der Sonnenoberfläche entfernt.

Für Galilei war der Bereich der naturwissenschaftlichen Fakten ausreichend durch Beobachtungen und Messungen abgesteckt, und eine höhere Instanz, die man hätte anrufen können, gab es nicht. Ob solche Fakten von den aristotelischen Philosophen anerkannt wurden oder nicht, interessierte ihn gar nicht. Wenn sie diese Fakten in ihre Theorien einarbeiten wollten, mußten sie eine durchgreifende Revision ihrer Prinzipien durchführen, und das wäre laut Galilei wohl auch möglich, wenn sich jemand diese große Mühe hätte machen wollen. Falls nicht, würde die Naturwissenschaft eben unabhängig von den Meinungen der Philosophen ihren Weg weitergehen.

Mit der Bibel war das eine andere Sache. Wie auf allen anderen Gebieten, durfte man sich auch in der Naturwissenschaft keinen Widerspruch zur Bibel erlauben. Glücklicherweise war die Zahl der offensichtlichen Widersprüche zwischen Astronomie und Bibel ziemlich gering, da die Bibel nicht versuchte, Astronomie zu lehren, wie das die Philosophen taten. Wenn die Bibel astronomische Fragen anschnitt, war das eine Sache der Meinung, und zwar der fachmännischen theologischen Meinung, die sich dementsprechend an den astronomischen und physikalischen Fakten ausrichten sollte. Die Naturwissenschaft konnte nicht unabhängig von der Meinung der theologischen Fachleute betrieben werden, aber von der Übereinstimmung beider Disziplinen konnte man sich leicht überzeugen.

Das war Galileis Meinung, und sie hatte äußerst seriöse Vorläufer. Die frühen Kirchenväter hatten vor jeder Verknüpfung des christlichen Glaubens mit für die Erlösung irrelevanten Dingen gewarnt, vor allem mit Dingen, die ein gründliches Studium erforderten und folglich viel Zeit kosteten, die man lieber der frommen Meditation widmen sollte. Das Konzil von Trient hatte bestimmt, die Grundlage jeder Bibelauslegung müsse die einmütige Übereinstimmung mit den Kirchenvätern sein, und von diesen hatte keiner verlangt, das weltliche Wissen habe vom Glauben abhängig zu sein. Folglich fühlte sich Galilei seiner Sache sicher.

Ungefähr ein Jahr lang gab es keine weiteren gegen Galilei gerichteten Aktionen, nur Castelli wurde wiederholt an der Universität angegiftet. Dann äußerte im Dezember 1614 ein junger Dominikaner namens Thomas Caccini, ein Mitglied desselben Ordens wie Lorini, in der Predigt von der Kanzel einer der Hauptkirchen von Florenz plötzlich eine heftige Schelte der Mathematiker im allgemeinen und der Anhänger des Galilei im besonderen. Er ging dabei vom Bericht über das Wunder des Josua aus. Dieser gleiche Text war der Gegenstand einer besonders langen Erörterung in Galileis *Brief an Castelli* gewesen, wo er ihn *ad hominem* gegen die Aristoteliker verwendet hatte. Er hatte darin gezeigt, daß sich angesichts der nachfolgend in der Bibel beschriebenen Geschehnisse die Worte „Sonne, stehe still", wenn sie wörtlich verstanden wurden, nicht einmal mit der von den zeitgenössischen Philosophen vertretenen Kosmologie in Einklang bringen ließen.

Caccinis Predigt in Florenz löste andernorts in Italien heftigen Wirbel aus. Es war nicht sein erster Anlauf zur Sensationsmache, denn er war bereits wegen einer früheren ausfälligen Kanzelpredigt in Bologna gerügt worden. Caccini war auf eine Ernennung nach Rom aus und scheint geglaubt zu haben, seine Attacke gegen die „Galileisten" (einige junge Schüler Galileis in Florenz traten tatsächlich als eine solche Gruppe auf) werde ihm helfen, den begehrten Posten zu erhalten. Sein eigener Bruder vertrat genau die gegenteilige Auffassung und beschwor ihn eindringlich, solche Manöver bleiben zu lassen. Ein Dominikaner schrieb aus Rom an Galilei und entschuldigte sich bei ihm für das schlechte Verhalten seines Ordensmitbruders Caccini. Prinz Cesi schlug vor, die Mathematikprofessoren aller Universitäten sollten gemeinsam ihren Protest äußern, jedoch ohne ausdrücklich das Thema des Kopernikanismus zur Sprache zur bringen, und er regte an, beim Erzbischof von Florenz eine Rüge Caccinis zu beantragen. Castelli, der bereits ständig unter der Feindseligkeit seitens der Professoren und der Verwaltung der Universität Pisa gelitten hatte, war über Caccinis Schelte der Mathematik, des am wenigsten kontroversen aller Themen, nicht verwundert. Er schrieb an Galilei: „Diese Angriffe sind nicht die ersten, und sie werden nicht die letzten sein."

Als man in Pisa von Caccinis Predigt erfuhr, residierte dort gerade, wie immer zu dieser Jahreszeit, die Herrscherfamilie, und auch Lorini war zufällig gerade dort. Er äußerte sein Bedauern, daß Caccini so ausfällig geworden sei, worauf ihm Castelli Galileis Brief vom Vorjahr zeigte. Lorini kopierte sich den größten Teil davon und nahm die Kopie mit sich nach Florenz. Dort besprach er deren Inhalt zunächst mit anderen Mitgliedern seines Ordens und schickte sie sodann zur Prüfung an die Römische Inquisition weiter, aber ohne irgendwelche Anklagen gegen Galilei oder seine Anhänger hinzuzufügen. Galilei erfuhr davon oder vermutete, daß Lorini die Kopie für einen solchen Zweck angefertigt habe. In der Befürchtung, seine eigenen Worte könnten verfälscht worden sein, erbat er sich das Original von Castelli zurück und schickte eine genaue Kopie an Piero Dini, einen Kirchenmann, den er in Rom kennengelernt hatte. Er bat ihn, sie den Jesuiten und, wenn möglich, Kardinal Bellarmin zu zeigen.

Die unvollständige Kopie Lorinis war bei einer regulären Sitzung der Inquisitionskardinäle verlesen worden, worauf der Erzbischof von Pisa gebeten wurde, das Original von Castelli sicherzustellen und nach Rom zu schicken. Ein qualifizierter Theologe schrieb alsbald ein Gutachten für die offizielle Stellungnahme; er fand nur hie und da ein Wort oder einen Satz, die vielleicht unglücklich gewählt seien, bezeichnete die Schrift aber grundsätzlich als theologisch unbedenklich. Caccini ging nach Rom, um sein Zeugnis gegen Galilei anzubieten, und nachdem man ihn angehört hatte, wurde nach zwei weiteren Zeugen geschickt, deren Namen er genannt hatte. Hierauf wurde das Verfahren mangels Beweisen, daß Galilei irgend etwas, das gegen die Prinzipien der Kirche verstieß, gesagt oder geschrieben habe, eingestellt. Interessanterweise hatte die Inquisition nicht einmal gegen den folgenden Satz in Galileis *Brief an Castelli* etwas einzuwenden:

> „Die Heilige Schrift läßt sich an vielen Stellen anders auslegen als im buchstäblichen Sinn; mehr noch: sie bedarf notwendigerweise einer solchen Auslegung. Daher meine ich, daß sie in physikalischen Disputen an letzter Stelle stehen sollte." (GW 225)

Es ist ganz offensichtlich, daß die Theologen nicht irgendeinen Vorwand suchten, um Galilei zu zensieren, geschweige denn, daß sie in naturwissenschaftliche Themen eingreifen wollten. Der Angriff auf Galilei ging eher von intriganten persönlichen Feinden Galileis und einem ehrgeizigen Priester als von verantwortlichen Kirchenbeamten aus. Mitte 1615 erweiterte Galilei seinen *Brief an Castelli* zu dem viel ausführlicheren *Brief an Christina.* Er zitierte darin den heiligen Augustinus und andere Autoritäten, von denen er sicher wußte, daß die Kirche sich offiziell an sie halten würde, falls, wie er jetzt erwartete, die Forderung laut würde, kopernikanische Bücher zu verbieten. Er korrespondierte mit Dini und anderen Bekannten in Rom, die ihm alle versicherten, der Wirbel nach Caccinis Predigt habe sich gelegt und es habe nicht den Anschein, als sei noch irgend etwas anderes im Gange. Vor allem hatte Bellarmin gesagt, man denke gar nicht daran, das Buch des Kopernikus auf den Index zu setzen, sondern schlimmstenfalls werde man die Streichung einiger Abschnitte verlangen, seine astronomische Hypothese dürfe aber stehenbleiben.

Um diese Zeit veröffentlichte der neapolitanische Karmelitenpater P. A. Foscarini ein Buch, das die kopernikanische Astronomie Punkt für Punkt mit der Bibel versöhnte. Er kam nach Rom und bot an, wer immer wolle, könne mit ihm über dieses Thema diskutieren. Ein Exemplar seines Buchs reichte er Bellarmin ein, worauf er eine höfliche Antwort erhielt, in der Galilei und auch der Autor namentlich genannt wurden. Solange sie die Bewegung der Erde als Hypothese vortrügen, sagte der Kardinal, sei dagegen nichts einzuwenden. Doch die Behauptung, es sei erwiesene Wahrheit, daß die Erde sich bewege, würde zu mehr und schwierigeren neuen Deutungen der Bibel führen, als sie sich vorstellen könnten, weshalb er sie anweise, nichts zu überstürzen und die offiziellen Stellen nicht in Handlungszwang zu bringen.

Galilei hätte sich an Bellarmins Empfehlung halten können, ohne den Fortschritt der Astronomie allzusehr zu beeinträchtigen. Viele Gelehrte glauben, daß er das hätte tun sollen, nicht nur um seiner eigenen Sicherheit willen, sondern auch aus wissenschaftlicher Redlichkeit. Seine Weigerung wird gewöhnlich als Beweis für seine übersteigerte Unterstützung des kopernikanischen Systems gewertet. Tatsächlich würde eine blinde Begeisterung für ein immer noch unbewiesenes wissenschaftliches System Galileis nächste Schritte plausibel erklären. Aber es ist nicht notwendig, zur Erklärung seines Verhaltens eine derartige Begeisterung anzunehmen, noch paßt sie wirklich dazu. Denn Galileis nächster Schritt bestand darin, lang und breit seine Argumente dafür darzulegen, daß man den katholischen Glauben überhaupt nicht von Fakten der Wissenschaft abhängig machen solle. Zwischen Bibel und Naturwissenschaft könne es keinen Widerspruch geben, und es komme darauf an, das klar herauszustellen. Man solle die Bibel nicht dazu verwenden, die eine Astronomie der anderen vorzuziehen oder gar für die Richtige zu erklären, und man solle auch nicht behaupten, man müsse sie völlig neu deuten, um mit ihr alles auf einen Nenner bringen zu können, was die Wissenschaft noch alles beweisen werde. Im hohen Alter schrieb Galilei in seinem eigenen Exemplar des *Dialogs* von 1632:

> „Achtung, Ihr Theologen: Wenn Ihr aus Sätzen über den fixen Stand von Sonne und Erde Glaubenssätze machen wollt, lauft Ihr Gefahr, schließlich diejenigen als Ketzer verdammen zu müssen, die erklären, daß die Erde feststehe und die Sonne ihren Stand wechsle. Ich sage ‚schließlich‘ und meine damit den Zeitpunkt, zu dem womöglich physikalisch oder logisch bewiesen werden kann, daß sich die Erde bewegt und die Sonne stillsteht.“ (D iii)

Natürlich war Galileis *Brief an Christina* nicht direkt an die Theologen gerichtet, aber er wußte natürlich, daß sie ihn aufmerksam lesen würden. Es hätte sich für Galilei als Laien nicht geziemt, ihnen seinen Rat zu einem Thema zu geben, das im Bereich ihrer fachmännischen Beurteilung lag. Um zu gewährleisten, daß alle Aspekte berücksichtigt wurden, war es üblich, seine persönlichen Auffassungen in Manuskriptform zirkulieren zu lassen und nach

Rom zu gehen, um sie dort mit aufgeschlossenen Kirchenbeamten zu besprechen. Ein weiterer Grund für ihn, nach Rom zu gehen, war der, daß Galilei nach den von Caccini privat und öffentlich gegen ihn ausgestreuten Verdächtigungen und deren Untersuchung durch die Inquisition seinen Namen von allen weiteren Anklagen gereinigt wissen wollte. Aus dem, was wir von seinem entscheidenden Rombesuch Ende 1615 wissen, hob Galilei dort auch in vielen Versammlungen die Verdienste der kopernikanischen Astronomie hervor, aber das scheint kein Hauptzweck seiner Reise dorthin gewesen zu sein. Die öffentliche oder sogar informierte Meinung über die Richtigkeit des kopernikanischen Systems hätte bei den Erwägungen der Theologen bezüglich Galileis ohnehin keine große Rolle gespielt.

Der toskanische Botschafter in Rom warnte den Großherzog, Papst Paul V. sei Intellektuellen jeglicher Couleur gegenüber so ablehnend eingestellt, daß diese es gelernt hätten, mit ihren wirklichen Ansichten hinter dem Berg zu halten; derzeit sei es „alles andere als günstig, nach Rom zu kommen und über den Mond zu diskutieren". Dennoch genehmigte Cosimo Galileis Reise und besorgte ihm ein Quartier in der Trinità del Monte, der toskanischen Botschaft.

Die Charakterisierung von Papst Paul V. durch den Botschafter war vermutlich ein Reflex der tatsächlichen damaligen allgemeinen Nervosität unter den Intellektuellen Roms, für die es mehrere Gründe gab. Ein Hauptstreitpunkt zwischen den Katholiken und Protestanten war die Freiheit der Bibelauslegung, was hieß, daß jede neue katholische Auslegung Wasser auf die Mühlen der Protestanten war: Wenn man schon bestimmte Stellen neu interpretieren konnte, warum dann nicht grundsätzlich die ganze Bibel? Außerdem stand der Papst noch unter dem Eindruck eines Disputs zwischen den Dominikanern und Jesuiten über bestimmte Themen bezüglich der Willensfreiheit des Menschen, und 1607 hatte er eingreifen müssen, um Mitglieder der beiden großen Wissenschaftsorden davon abzubringen, sich gegenseitig der Ketzerei zu beschuldigen. Diese Vorkommnisse lassen vermuten, daß Paul V., selbst wenn er nicht von seinem Temperament her antiintellektuell eingestellt gewesen sein sollte, es sich zur Gewohnheit gemacht hatte, alle intellektuellen Dispute im Keim zu ersticken, die zu Zwist und Parteienbildung innerhalb der Kirche führen und damit den Protestanten Ansatzpunkte für ihre Angriffe liefern konnten.

Galilei begründete in Rom die Überlegenheit seiner Astronomie gegenüber der aristotelischen Kosmologie an verschiedenen Orten und vor unterschiedlichen Gruppen. Sein alter Freund aus Padua Antonio Querengo berichtete in seinen Briefen, Galilei habe zwar nur wenige zu seinen Ansichten bekehrt, aber das Theoriegebäude seiner Gegner bis auf die Grundmauern niedergerissen. Doch Galilei emfand es als sehr mühsam, mit dem einen oder anderen Kirchenbeamten persönlich theologische Themen zu besprechen, und sah sich genötigt, über Vermittler mit ihnen zu konferieren. Im Frühjahr 1616 schrieb er für Alessandro Kardinal Orsini eine ausführliche Darstellung seiner Gezeitentheorie, die er mit der Erdbewegung begründete. Doch als Orsini den Papst daraufhin ansprach, wies dieser ihn an, Galilei dringend ans Herz zu legen, sich weiteren Argumentierens in diese Richtung zu enthalten, da sonst die Inquisition (die ganz unter dem Befehl des Papstes stand) auf ihn angesetzt werden könnte.

Der Papst konsultierte Kardinal Bellarmin, der dazu riet, die fraglichen Sätze den theologischen Gutachtern zu unterbreiten, die gewöhnlich in solchen Fragen entschieden. Man würde dann Galilei in Kenntnis setzen, welches die Konsequenzen ihres Urteils seien. Dieser Weg wurde dann tatsächlich eingeschlagen. Die beiden eingereichten Sätze und die Meinungen der Gutachter lauteten folgendermaßen:

„1. Die Sonne ist der Mittelpunkt der Welt und steht völlig unbeweglich im Raum.
Kritik: Nach allgemeiner Auffassung ist dieser Satz philoso-

phisch töricht und absurd, und formal ist er ketzerisch, insofern er der ausdrücklichen Meinung der Heiligen Schrift, wie sie an vielen Stellen aufscheint, widerspricht, und zwar ihrem Wortlaut an sich wie auch den anerkannten Auslegungen dieser Stellen und den Meinungen der Kirchenväter und Doktoren der Theologie.

2. Die Erde ist weder der Mittelpunkt der Welt noch unbeweglich, sondern bewegt sich als ganze und befindet sich in einer täglichen Bewegung.
   Kritik: Alle sagen, für diesen Satz gelte in philosophischer Hinsicht das gleiche wie für den vorigen, und hinsichtlich der theologischen Wahrheit ist er zumindest glaubensmäßig irrig." (OP xix 321)

Interessant ist, daß in beiden Fällen die Zensoren primär von der philosophischen Stichhaltigkeit der Sätze her argumentierten. Nicht weniger interessant ist, daß die Formulierung „töricht und absurd" und nicht etwa *falsch* lautet. Über die Astronomie wurde nichts gesagt, sondern es wurde einfach unterstellt, daß die Astronomen in den Zuständigkeitsbereich der Philosophen fielen. Wäre eine Kommission von Astronomen um ihr Gutachten gebeten worden, so hätte sie zweifellos ebenfalls im Sinn der Theologen gesprochen, denn Galilei wäre von jeder Astronomenversammlung, die man damals hätte abhalten können, überstimmt worden. Doch hätten die Gutachter tatsächlich eine Kommission aus Astronomen konsultiert und das bei der Formulierung ihrer Beurteilung gesagt, dann hätten die Historiker bis heute den Astronomen statt den Theologen den Vorwurf gemacht, diese Fehlentscheidung getroffen zu haben.

Es ist ein merkwürdiger Umstand, daß die Historiker es den Theologen und nicht den Philosophen angekreidet haben, dieses Urteil gegen die Freiheit der wissenschaftlichen Meinung in der Astronomie gefällt zu haben. Doch waren es tatsächlich nur die Philosophen, die auf ein Einschreiten der Theologen drängten, in der festen Überzeugung, daß diese auf ihrer Seite stehen würden. Galileis Briefe aus dieser Zeit sind voller Zuversicht: Er sei sich sicher, die Behörden würden *nicht* für eine der beiden Seiten Partei ergreifen. Er war davon überzeugt, daß die für die Zukunft der Kirche verantwortlichen Theologen es ablehnen würden, aus einer umstrittenen astronomischen Frage einen Glaubensartikel zu machen. Daß die Verantwortung für die Bibelauslegung plötzlich von der Theologie auf die Philosophie abgeschoben wurde, kam für ihn überraschend. Zu erwarten war gewesen, daß gewöhnliche Menschen und sogar manche Priester den Wortlaut der Bibel als Argument für die aristotelische Kosmologie deuten würden. Doch daß sich die Kirche diese Auffassung offiziell zu eigen machen würde, war noch nie vorgekommen und erschien Galilei unvorstellbar. In seinem Handexemplar des *Dialogs* aus dem Jahre 1632 vermerkte er dazu:

> „Zum Thema des Einführens von Neuheiten
>
> Bezweifelt jemand allen Ernstes, daß der Wunsch, von Gott frei erschaffene Geister sollten sich zu Sklaven des Willens anderer machen, zu den schlimmsten Ärgernissen führen muß? Ebenso, daß Menschen leugnen sollten, was sie mit eigenen Sinnen wahrnehmen, und sich von einem anderen diktieren lassen, was sie sehen?
>
> Und wird zugelassen, daß Leute, die von einer Wissenschaft keine Ahnung haben, als Richter über die Wissenden urteilen? Mit der Autorität, die man ihnen gibt, haben sie die Vollmacht, alles so zu haben, wie sie es wollen: Das sind Neuheiten, imstande, Republiken zu ruinieren und Staaten umzustürzen." (OP vii 540)

Das ist Jahre später geschrieben, zeigt aber, wie Galilei einschätzte, was geschehen war. Der Vorwurf der Neuerung war der Lieblingsvorwurf der konservativen Professoren gegen ihn gewesen, denn alles Neue war ihnen ein Greuel. Mit dem „Willen anderer" meinte er die Aristoteliker, und mit dem „anderen", der „diktiere", was die anderen zu sehen hätten, spielte er auf Aristoteles an, denn er verwendete die gleichen Formulierungen über die Versklavung auch im *Dialog* selbst. Daß die Theologen Macht an die Philosophen abgaben, erschien ihm als Neuerung, und zwar als eine so katastrophale, daß durch sie gute Regierungen über den Haufen geworfen werden konnten. Da das nicht im wörtlichen Sinn Republiken und Staaten betraf, meinte er damit zweifellos die Kirche, obwohl er es nicht fertigbrachte, eine derart schreckliche Voraussage offen zu Papier zu bringen.

Es ist bemerkenswert, daß die Gutachter ihren Tadel nicht einfach damit rechtfertigten, daß sie sagten: „Es ist töricht und absurd, zu sagen, die Sonne stehe fest" oder: „Alle sagen, daß die Sonne sich bewegt". Damit hätten sie die volle Verantwortung auf sich selbst genommen. Doch die ihnen gestellte Frage lautete nicht, ob eine bestimmte Redeweise töricht sei; sie lautete, ob eine bestimmte Art der Darstellung der Astronomie im Konflikt mit der Bibel stehe. Damit stand natürlich die Frage im Raum, ob einschlägige Bibelstellen metaphorisch zu verstehen seien oder ob sie astronomische Wahrheiten vermitteln wollten. Die Gutachter entschieden über diese Frage, indem sie den Fall an die Philosophie weitergaben, und das bedeutete eine Verlagerung der Verantwortung für die Auslegung der Bibel in Dingen, die von der Naturwissenschaft geklärt werden konnten. Der heilige Augustinus oder Thomas von Aquin hätten erklärt, der wahre Sinn der Bibel vertrage sich mit jeder astronomischen Hypothese, die in der Natur belegt werden könne, ganz gleich, ob sie nun schon über jeden Zweifel hinaus von den Astronomen als wahr erwiesen worden sei oder nicht. Galilei erwartete, daß die verantwortungsbewußten Theologen genau das sagen würden; statt dessen aber behaupteten sie, die Bibel unterstütze die vorherrschende philosophische Meinung.

Die Empfehlungen der Gutachter wurden am 24. Februar 1616 bei der wöchentlichen Sitzung der Inquisition verlesen. Daraufhin gab der Papst Bellarmin den Auftrag, Galilei davon in Kenntnis zu setzen, daß er die beanstandeten Sätze nicht länger äußern oder verteidigen dürfe. Falls Galilei nicht gehorchen sollte, solle ihm der Generalkommissar der Inquisition in Gegenwart eines Notars und von Zeugen befehlen, diese Sätze nicht mehr zu äußern, zu verteidigen oder zu *lehren;* andernfalls werde die Inquisition gegen ihn einschreiten. Die Absicht dieses Vorgehens in zwei Stufen war klar: Sollte sich Galilei ohne Protest unterwerfen, würde der *persönliche Befehl* unterbleiben, der schärfer und bindender war als die allgemeine Instruktion für alle Katholiken, die von Amts wegen veröffentlicht wurde.

Wie der weitere Verlauf der Auseinandersetzungen zeigen sollte, kam es vor allem auf das Wort „lehren" an. Wenn Galilei persönlich befohlen würde, auf keine Weise das kopernikanische System zu lehren, wäre er gehalten, es nicht einmal zu beschreiben. Unterblieb dieser Befehl an ihn, so ließ ihm das weiterhin die Freiheit, über das kopernikanische System zu diskutieren, wie das jeder Katholik tun konnte, vorausgesetzt, er behauptete nicht, es sei wahr, und verteidigte es höchstens als eine bloße astronomische Hypothese. Wer alle Argumente beider Seiten gegeneinander abwog, dem wurde nicht unterstellt, daß er eine Seite gegen die andere verteidige. Wir werden sehen, daß Galilei schließlich nur wegen des Worts „lehren" vor Gericht zitiert wurde und daß seine gesamte Verteidigung darauf beruhte, zu zeigen, daß er nicht im Ungehorsam gegen einen persönlich an ihn ergangenen Befehl gehandelt habe.

Was sich tatsächlich abspielte, als sich Galilei mit dem Kommissar der Inquisition traf, ist mehr als ein Jahrhundert lang erörtert worden. Die grundsätzliche Meinungsverschiedenheit darüber geht auf zwei Dokumente aus dem späteren Verfahren gegen Galilei zurück. Das erste wurde von einem Notar oder für einen solchen aufgesetzt, aber nicht unterzeichnet. Es berichtet von einem einzigen Treffen in der Residenz von Kardinal Bellarmin, in dessen Verlauf der Kardinal Galilei darüber in Kenntnis setzte, daß sich die Kommission gegen die Aussage entschieden habe, die Erde bewege sich und die Sonne stehe fest, weshalb er diese Behauptungen nicht mehr äußern oder verteidigen dürfe. Daraufhin sei ihm im Namen des Papstes unverzüglich vom Kommissar verboten worden, die genannten Sätze auf irgendeine Weise mündlich oder schriftlich zu äußern, zu verteidigen oder zu lehren. Das zweite Dokument ist eine Bescheinigung des Kardinals Bellarmin für Galilei, die besagte, zu Galilei sei nicht mehr gesagt worden, als daß die beiden Sätze zensiert worden seien und er sie nicht mehr äußern oder verteidigen dürfe.

Die Parteigänger Galileis haben das erste Dokument als eine Verfälschung der Ereignisse abgestempelt, während die Parteigänger der Kirche die Vermutung äußerten, bei Bellarmins Bescheinigung handele es sich lediglich um ein in wohlwollender Absicht unklar gehaltenes Dokument, mit dem Galilei gegenüber dem toskanischen Herrscher, in dessen Brot er stand, abgesichert werden sollte. Doch da sowohl eine Manipulation mit Inquisitionsberichten als auch eine Schwindelei Kardinal Bellarmins höchst unwahrscheinlich sind, sollte man beide Dokumente, wenn irgend möglich, als echt betrachten. Eine ansonsten nicht genauer erklärte Aussage Galileis bei seinem späteren Prozeß läßt schließen, daß sich die Ereignisse im wesentlichen wie folgt abgespielt haben.

Am Morgen des 26. Februar 1616 schickte Kardinal Bellarmin zwei Gefängnisbeamte, um Galilei in seine Residenz zu holen. Der Kommissar der Inquisition kam ungeladen mit einem Notar hinzu; ferner fanden sich einige Dominikaner ein, um sicherzustellen, daß der liberale Jesuit Bellarmin mit einem eventuellen Protest Galileis nicht zu gnädig umgehe. Dem Kardinal war das nicht recht, aber er konnte sie schwerlich ausschließen. Seiner Gewohnheit gemäß begrüßte er mit dem Hut in der Hand jeden Besucher an der Tür, und man weiß, daß der Kardinal, als Galilei eintraf, etwas zu ihm sagte, ehe sie sich den anderen anschlossen. Vermutlich sagte Bellarmin zu Galilei, man erwarte von ihm, daß er allem, was man ihm sagen werde, nicht widerspreche. Ein Wort Bellarmins an ihn dürfte genügt haben; schließlich war Galilei im Umgang mit Kardinälen geübt und kannte die Spielregeln.

Sie gingen zu den anderen hinein, der Kardinal begab sich auf seinen Sitz und setzte Galilei offiziell über die Entscheidung in Kenntnis. Aber der Kommissar hatte mitbekommen, daß Bellarmin bereits etwas zu Galilei gesagt hatte, und da er den Verdacht hegte, Bellarmin habe Galilei angewiesen, nichts einzuwenden, gab er Galilei gar nicht die Möglichkeit zu einer Stellungnahme, sondern richtete an ihn unverzüglich im Namen des Papstes den bereits zitierten Befehl, der sogar noch schärfer ausfiel, als es der päpstliche Auftrag verlangt hatte. Galilei fügte sich dem. Dies alles hielt der Notar fest.

Bellarmin geleitete Galilei zur Tür und bat ihn dringend, er solle ihn vor seiner Rückkehr nach Florenz noch einmal besuchen. Hierauf rügte er unter vier Augen den Kommissar, er habe eine Handlung vorgenommen, die ganz gegen die ausdrückliche Anweisung des Papstes gewesen sei. Unter diesen Umständen könne er das Protokoll des Notars nicht unterzeichnen, und er werde Galilei anweisen, nur seine, des Kardinals, Mitteilung zur Kenntnis zu nehmen und das übrige als ungeschehen zu betrachten, da der Papst nicht die Absicht gehabt habe, ihm zu drohen, solange er sich strikt an seinen Befehl halte.

Bei der nächsten Sitzung der Kardinäle der Inquisition berichtete Bellarmin, Galilei sei über die Entscheidung des Papstes in Kenntnis gesetzt worden und habe sich ihr gefügt. Auch der Kommissar war bei dieser Sitzung anwesend, und das Protokoll bezeugt, daß er dazu nichts sagte. Am 5. März wurde ein Dekret erlassen, das alle Werke auf den Index der verbotenen Bücher setzte, in denen die Bewegung der Erde und das Feststehen der Sonne als Tatsache dargestellt und als vereinbar mit der Bibel beschrieben wurden. Foscarinis Buch wurde gänzlich verboten, während dasjenige des Kopernikus und ein gewisser Kommentar zum Buch Hiob vorerst aus dem Verkehr gezogen wurden, bis darin bestimmte Korrekturen vorgenommen seien. Das hieß, es sollten daraus Abschnitte entfernt werden, die von der Vereinbarkeit mit der Bibel handelten oder in denen über eine rein hypothetische Behandlung der kopernikanischen Vermutungen hinausgegangen wurde.

Bellarmin hatte schon bald danach wieder eine Unterredung mit Galilei und unterrichtete auch den Papst darüber, was sich tatsächlich abgespielt hatte. Denn innerhalb weniger Tage war Galilei darüber informiert, welche Korrekturen in *De revolutionibus* vorgenommen werden sollten, das dann erst 1620 erschien; außerdem wurde ihm vom Papst eine Audienz gewährt. In dieser versicherte man ihm, man wisse sehr wohl um die Intrigen seiner Feinde und kenne sein eigenes aufrechtes Verhalten; solange Papst Paul V. lebe, müsse er keinen Grund zur Sorge haben.

Aus Briefen von Freunden aus Pisa und Venedig geht hervor, über Galilei sei das Gerücht im Umlauf, er sei bestraft und zum Abschwören gezwungen worden. Galilei zeigte diese Briefe im Mai Bellarmin und bat ihn um eine Bescheinigung, die seinen Brotgeber von der Unrichtigkeit derartiger Geschichten überzeugen könne. Daraufhin schrieb der Kardinal die oben beschriebene Bescheinigung, und Galilei kehrte nach Florenz zurück.

Nachdem er bezüglich des Kopernikanismus wirksam zum Schweigen gebracht worden war, wandte Galilei seine Aufmerksamkeit anderen Dingen zu, und zwar zunächst einer praktischen Frage. Zur Zeit seiner Entdeckung der Mondfinsternisse im Jahre 1612 war Galilei auf ein Verfahren gekommen, wie man sie verwenden konnte, um exakter die Längengrade bestimmen zu können. Schließlich hatte man schon lange gewöhnliche Sonnenfinsternisse dafür benutzt. Das wiederum brachte ihn auf eine Methode, wie Schiffe auf hoher See annähernd ihre Längengrade bestimmen konnten, und zwar unter Verwendung des Jupiter als einer Art Himmelsuhr und seiner Monde als deren Zeiger. Das Projekt war durch den toskanischen Botschafter der spanischen Regierung vorgestellt worden, aber wieder im Sande verlaufen. Jetzt begann Galilei seine Tabellen der Mondbewegungen zu vervollkommnen und erreichte damit 1617 eine beachtliche Genauigkeit. Sein Verfahren zur Bestimmung des Längengrads wurde von Spanien nie übernommen, aber gegen Ende seines Lebens bot ihm die holländische Regierung eine ansehnliche Summe dafür.

Als nächstes wandte sich Galilei wieder seinen Untersuchungen über die Bewegung zu, die er in Padua begonnen hatte. Nun wollte er seinen lange vernachlässigten Traktat darüber fertigstellen. Aber kaum hatte er damit wieder angefangen, erschienen im Herbst 1618 drei Kometen und erregten große Aufmerksamkeit. Man wollte Galileis Meinung darüber wissen, da in der Zwischenzeit zahlreiche Bücher über Kometen veröffentlicht worden waren. In einem davon stellte Orazio Grassi unter einem Pseudonym die Meinung der Mathematiker am Jesuitenkolleg in Rom dar.

Mario Guiducci, der Galilei bei der Ausarbeitung seiner Abhandlung über die Bewegung geholfen hatte, war unlängst zum Haupt der Florentiner Akademie gewählt worden und brauchte ein Thema für seine Antrittsrede. Man beschloß, er solle über die Kometen sprechen, und zwar ungefähr in dem Sinn, den Galilei in Gesprächen mit Freunden geäußert hatte. Ein Teil von Guiduccis Vortrag, der später in Buchform erschien, kritisierte die Ansicht der Jesuiten in zwei Punkten. Der erste war, daß Grassi Tychos Vorstellung übernommen hatte, ein Komet sei sozusagen eine Art Planet, der in einer der Planeten-Umlaufbahnen geschaffen und zerstört worden sei. Galilei hatte jedoch wie Kepler erkannt, daß die erkennbare Flugbahn eines Kometen eher eine Gerade als eine Kreisbahn beschrieb. Die andere kritisierte Vorstellung der Jesuiten hatte mit den Vergrößerungseigenschaften des Teleskops zu tun, die sie falsch deuteten. Die Jesuiten fühlten sich von Guiduccis Kritik schwer beleidigt, und sie vermuteten ganz richtig, daß sie auf Galilei zurückgehe. Grassi veröffentlichte daraufhin unter dem Pseudonym Lothario Sarsi einen bitterbösen Angriff direkt gegen Galilei. Er ging darin so weit, ihm vorzuwerfen, daß er insgeheim doch weiter den Kopernikanismus vertrete, weil er von der offensichtlichen Krümmung der Planetenbahnen spreche.

Die *Lincei* in Rom drängten Galilei zu einer Entgegnung. Das konnte er ohne Gefahr tun, da Kometen von den Aristotelikern nicht als Himmelskörper eingestuft wurden und Kopernikus nichts über sie gesagt hatte. In seiner 1623 veröffentlichten Schrift *Saggiatore* umriß Galilei seine Vorstellung vom wissenschaftlichen Argumentieren, wobei er den Gegensatz zu den ermüdenden logischen Spitzfindigkeiten betonte, mit denen sich die Naturphilosophen zufriedengäben. Sie enthielt einige inzwischen berühmte Stellen, die jedoch oft außerhalb ihres Textzusammenhangs zitiert werden, wie etwa die Schlußzeilen der folgenden Aussage:

> „Bei Sarsi meine ich den festen Glauben herauszuspüren, man müsse sich beim Philosophieren auf die Meinung irgendeines berühmten Autors stützen, so als ob unser eigener Geist vollständig steril und unfruchtbar bleiben müßte, solange er sich nicht mit dem Vernunftdenken von irgend jemand anderem vermählt. Vielleicht meint er, die Philosophie sei ein Roman, welcher der Phantasie irgendeines Autors entsprungen sei, so wie die *Ilias* oder der *Rasende Roland*, also ein Werk von der Art, bei dem die unwichtigste Frage von allen ist, ob das darin Geschriebene auch wahr sei. Nun, mein lieber Sarsi, das ist in Wirklichkeit ganz anders. Die Philosophie ist ins große Buch des Universums eingeschrieben, und dieses Buch liegt ständig offen vor unseren Augen. Aber dieses Buch kann man nicht verstehen, wenn man nicht zunächst seine Sprache begreift und das Alphabet zu entziffern versteht, in dem es geschrieben ist. Es ist in der Sprache der Mathematik geschrieben, und seine Schriftzeichen sind Dreiecke, Kreise und andere geometrische Figuren, ohne die es keinem Menschen möglich ist, ein einziges Wort davon zu verstehen; ohne sie tappt man darin wie in einem finsteren Labyrinth umher.“ (D&O 237f.)

Von den Schlußsätzen wird oft behauptet, sie bedeuteten, daß Galilei wie Platon gar kein Interesse an der Natur gehabt habe, sondern an einer mathematisch vollkommenen Welt hinter oder über der Natur. Doch Galilei sprach hier von der Mathematik als einer Sprache, die für das Verstehen der Natur erforderlich sei, nicht als von einem Ziel in sich. Die klare Ordnung der Mathematik stehe im Gegensatz zu

> „‚Sympathie', ‚Antipathie', ‚okkulten Eigenschaften', ‚Einflüssen' und anderen Begriffen, welche die Philosophen gern verwenden, um damit eine klare Antwort zu verschleiern, die lauten würde: ‚Ich weiß es nicht.' Diese Antwort aber ist viel erträglicher als die anderen, genau wie klare Aufrichtigkeit viel schöner ist als eine trügerische Zweideutigkeit." (D & O 241)

An einer anderen Stelle unterschied Galilei Sinneseindrücke von den Eigenschaften äußerer physischer Körper:

> „Ich denke, Geschmäcke, Gerüche, Farben und dergleichen sind nicht mehr als bloße Namen, soweit es um die Gegenstände geht, in denen wir sie ansiedeln, und sie wohnen nur in unserem Bewußtsein. Wenn die lebendigen Geschöpfe ausstürben, wären alle diese Eigenschaften weggewischt und verschwunden." (D & O 274)

Manche sagen, indem Galilei zum Beispiel die Farbe Rot von den Gegenständen abgelöst habe, die wir als rot bezeichnen, habe er den Menschen von der Wissenschaft getrennt. Aber mit genauso großer Berechtigung könnte man sagen, er habe die Aufmerksamkeit in besonderem Maße auf das Verhältnis von Sinneswahrnehmung und Bewußtsein gelenkt. Sein Ziel bestand dabei darin, die Vorstellung abzutun, Worte verfügten über die Art Macht, welche die Philosophen in sie hineinlegten:

> „Wenn ihre Meinungen und ihre Stimmen die Macht haben, den Dingen, die sie nennen, Existenz zu verleihen, dann bitte

ich sie um den Gefallen, eine Menge von altem Metall, das bei mir im Haus herumliegt, ‚Gold' zu nennen." (D&O 253)

Der Unterscheidung zwischen Sinnesempfindungen und äußeren physikalischen Phänomenen maß später der empirische Philosoph John Locke eine wichtige Rolle zu; gewöhnlich bezeichnet man das als den Unterschied zwischen primären und sekundären Eigenschaften. Galilei war weder diese Terminologie noch die Sichtweise der empirischen Philosophie vertraut, obwohl ihm oft beides zugeschrieben wird, weil sich im *Saggiatore* Äußerungen finden, die nicht weit davon entfernt sind. Grundsätzlich war dieser Gedanke viel älteren Ursprungs. Er findet sich bei Lukrez († 55 v. Chr.) und wurde vermutlich von Anfang an mit den griechischen Atomisten in Verbindung gebracht. Galilei war weder Empiriker noch Rationalist in dem Sinn dieser Begriffe, den sie in den philosophischen Disputen nach Descartes und Locke erhalten sollten. Seine Wissenschaft erforderte zugleich sinnenhafte Erfahrung und die nötige Beweisführung. Weder gestand Galilei einem von beiden ein höheres Maß an „Realität" zu, noch erachtete er die Sinnesempfindung als nichtexistent oder weniger wichtig als die äußeren physikalischen Phänomene. Er wollte nur auseinanderhalten, was seiner Art nach verschieden war, aber von den Philosophen häufig miteinander verwechselt wurde.

Die *Accadèmia dei Lincei* war gerade dabei, den *Saggiatore* in Rom zu veröffentlichen, als Maffeo Barberini mit dem Namen Urban VIII. den Papstthron bestieg. Weil er Florentiner, Intellektueller und ein Bewunderer Galileis war, beschlossen die *Lincei*, das neue Buch ihm zu widmen. Galilei besuchte Rom 1624, um Urban seine Reverenz zu erweisen, und mehrere Ereignisse in dieser Zeit veranlaßten ihn zur Arbeit an einem weiteren Buch. Ein deutscher Kardinal hatte dem Papst gesagt, das Edikt von 1616 habe viele Menschen davon abgehalten, zum katholischen Glauben zu konvertieren. Später äußerte dieser Papst, wenn er damals im Amt gewesen wäre, hätte er dieses Edikt nie erlassen. Galilei unterbreitete dem Papst seine Theorie über die Gezeiten, die er gern veröffentlicht hätte, die aber voraussetzte, daß man die von Kopernikus behaupteten Bewegungen der Erde annahm. Die Wissenschaft in Italien lief Gefahr, ihre führende Rolle zu verlieren, wenn das Edikt zu streng ausgelegt wurde. Im Verlauf der sechs Audienzen, die Galilei während seines Romaufenthalts gewährt wurden, scheint Galilei die Erlaubnis des Papstes zur Veröffentlichung seiner Gezeitentheorie erhalten zu haben. Er mußte lediglich deutlich sagen, daß er nur hypothetisch von der Bewegung der Erde ausgehe, die nicht mittels irdischer Experimente oder Himmelsbeobachtungen als wirklich bewiesen werden könne. Auf diese Weise war der Kirche, der führenden Rolle Italiens in den Naturwissenschaften und Galileis eigenen Interessen gedient, ohne daß das Edikt abgeschwächt werden mußte, wozu Urban nicht bereit war.

So scheint Galilei die Lage verstanden zu haben, als er unter dem Eindruck vieler Zeichen der Wertschätzung und Zuneigung des Papstes Rom wieder verließ. Allerdings hatte er nicht den Vorfall von 1616 erwähnt, von dem ihm Kardinal Bellarmin gesagt hatte, er solle ihn als nie geschehen betrachten.

6. Der *Dialog* und die Inquisition

Von 1624 bis 1630 arbeitete Galilei mit Unterbrechungen an seinem Buch. Im letzten Moment wurde er angewiesen, es nicht „Dialog über die Gezeiten" zu nennen, weil das hervorheben würde, daß hier ein physikalisches Argument zugunsten der Bewegung der Erde vorgetragen werde. Diese Anweisung war vernünftig, nämlich im Hinblick darauf, daß man in der Astronomie üblicherweise das Thema der Planetenbewegungen immer nur als Hypothese vortrug und alle physikalischen Erwägungen darüber außer Betracht ließ. So änderte Galilei den Titel in *Dialog über die beiden Hauptsysteme der Welt, das ptolemäische und kopernikanische.*

Die Dialogform hatte er aus mehreren Gründen gewählt, nicht zuletzt aber deshalb, weil diese Form im Lauf des 16. Jahrhunderts sehr beliebt für Bücher geworden war, die zur Bildung der Öffentlichkeit bestimmt waren. Allerdings hatten die meisten Unterredungen zwischen Meister und Schüler, die zunächst zu diesem Zweck erschienen, den Charakter langweiliger Katechismen. Aus diesem Grund ließ Galilei zwei Experten auftreten, die beide einen dritten, neutralen Teilnehmer von ihrer Meinung zu überzeugen versuchten. Ein weiterer Grund für die Abfassung in Dialogform war, daß sich der Autor bei Aussagen, die vielleicht anfechtbar waren, nicht persönlich mit dem Gesagten zu identifizieren brauchte. Ein Sprecher stellte im wesentlichen Galilei dar, der selbst jedoch im Buch nur als „unser Freund" oder „der Akademiker" oder dergleichen erwähnt wurde, wenn ihm bestimmte Entdeckungen zugesprochen oder seine Verantwortlichkeit dafür betont werden sollte.

Als Hauptsprecher ließ Galilei Filippo Salviati auftreten, der während einer Spanienreise 1614 plötzlich gestorben war. Der aristotelische Experte erhielt den Namen Simplicio, nach einem angesehenen antiken griechischen Kommentator des Aristoteles. Seine Argumente waren nach dem Muster derjenigen von Cesare Cremonini und Ludovico delle Colombe gestrickt. Der interessierte Laie wurde vom 1620 verstorbenen Giovanfrancesco Sagredo verkörpert. Uns ist die Aussage eines venezianischen Freundes von ihm überliefert, Galilei habe tatsächlich ganz genau sein Denken und seinen Stil eingefangen.

Der Dialog war in Gespräche eingeteilt, die innerhalb von vier „Tagen" stattfanden, die sich die Gesprächsteilnehmer freigenommen hatten, um die jeweiligen Verdienste der alten und der neuen Astronomie zu erörtern. Am ersten Tag wurde die Diskussion mit der aristotelischen Aufteilung in himmlische und elementare Substanzen und ihre jeweiligen Bewegungen eröffnet. Dieser fundamentale Lehrsatz der Naturphilosophie wurde kritisch beleuchtet, zum Teil von der Logik her und zum Teil im Licht neuer astronomischer Erkenntnisse, die seit der Zeit des Aristoteles gemacht worden waren. Vom logischen Standpunkt aus wurde Aristoteles angekreidet, oft als Behauptung aufgestellt zu haben, was zu beweisen war, sowie immer wieder von unbewiesenen und ungerechtfertigten Annahmen ausgegangen zu sein. Als wichtigste neue Entdeckungen wurden in der Diskussion das Aussehen der Mondoberfläche und die ständig sich verändernde Beleuchtung der Berge und Krater darauf besprochen.

Der zweite Tag wurde hauptsächlich dem Aufweis gewidmet, daß kein herkömmliches Argument gegen die tägliche Bewegung der Erde schlüssig sei. Galileis stärkste Argumente waren die Relativität der Bewegung sowie der Erhalt der Bewegung, und diese Argumente waren eher physikalischer als astronomischer Natur.

Am dritten Tag ging es um die jährliche Bewegung der Erde um die Sonne und natürlich auch um bestimmte Phänomene, die sich aus der täglichen Drehung um sich selbst sowie aus dem jährlichen

Umlauf um die Sonne ergaben. Zum letzteren gehörte der zyklische Wechsel des Verlaufs der Sonnenflecken im Lauf des Jahres. Das ließ sich leicht erklären, wenn man von den kopernikanischen Bewegungen ausging, erschien dagegen sehr kompliziert, ja kaum vorstellbar, wenn man alle erforderlichen Bewegungen ausschließlich der Sonne zuschrieb. Daß Galilei dieses Argument anführte, versetzte, wie wir gleich sehen werden, Christopher Scheiner in helle Wut.

Bei seiner Darstellung des kopernikanischen Systems für die Leser des *Dialogs* ließ Galilei nicht nur die von Kepler festgehaltene Tatsache beiseite, daß die Planeten elliptische Umlaufbahnen haben, sondern vereinfachte sogar die Astronomie von Kopernikus allzusehr, indem er von der Sonne so sprach, als sei sie der Mittelpunkt aller Planetenbahnen. Das ist bei späteren Gelehrten auf viel Kritik gestoßen, doch sie verkennen den Zweck des *Dialogs* und reden so, als habe Galilei diesen als Lehrbuch der Astronomie gedacht. Vielmehr bestand sein Ziel darin, den Widerstand gegen die Vorstellung von der Bewegung der Erde zu brechen, um dann von dieser her die Gezeiten erklären zu können. Tatsächlich stand ihm dafür das Edikt von 1616 im Weg, weil er von diesen Bewegungen nur in hypothetischer Form sprechen durfte. So blieb ihm nur eine Möglichkeit, nämlich aufzuzeigen, daß alle Argumente, die man je zum Beweis dafür aufgebracht hatte, daß die Erde feststehe, nicht stichhaltig seien. Im Gespräch dieses dritten Tages, bei dem es um das jährliche Kreisen der Erde um die Sonne ging, führte er das Argument ins Feld, dies biete den Astronomen ein wesentlich einfacheres Modell; es genügte, das anhand der ersten Zeichnung im Buch des Kopernikus zu veranschaulichen, ohne in weitere technischen Details zu gehen.

Über die elliptischen Umlaufbahnen, deren Entdeckung durch Kepler den Anfang der modernen Astronomie markiert, herrschen immer noch etliche Mißverständnisse. Diese Ellipsengestalt ist sehr schwach, obwohl sie den Schlüssel für die mathematischen Gesetze der Planetenbewegungen darstellt. Die Vorstellung von

Kreisbahnen um die Sonne reicht als erste Annäherung recht gut aus, und wir haben bereits gesehen, daß Galilei dem Prinzip der Annäherung in der Naturwissenschaft durchaus gewogen war. Von daher ist es gar nicht so unerklärlich, weshalb er in seinem *Dialog* Keplers Ellipsen nicht erwähnt. Das muß gar nicht daran liegen, daß Kepler ein deutscher Protestant war, dessen Werke auf dem Index der verbotenen Bücher standen, und auch nicht daran, daß es grundsätzlich unmöglich gewesen wäre, seine Astronomie den Lesern zur Zeit Galileis zu erklären.

Am vierten Tag behandelte Galilei das Thema der Gezeiten. Er begann mit der Aussage, daß man Ebbe und Flut schwerlich mit einem dauernden Wunder begründen könne. Es gebe andererseits keine Möglichkeit, starke und regelmäßig wiederkehrende Bewegungen riesiger Meere auf einer reglos feststehenden Erde zu erklären. Das stimmt, und daraus folgt, daß jede wissenschaftliche Erklärung der Gezeiten von einer Bewegung der Erde ausgehen muß. Obwohl Galileis Gezeitentheorie unzulänglich war, hatte er genau das eine wohlbekannte physikalische Phänomen zum Gegenstand seiner Untersuchung gemacht, das eine neue Astronomie notwendig werden ließ. Im übrigen traf Galilei hier nicht ganz den Kern, denn er argumentierte von einer Anordnung her, bei der gemäß der späteren Physik wohl riesige Seen in Bewegung geraten würden, die aber nicht ausreichen würde, um etwas derartiges wie die Gezeiten zu bewirken, die wir tatsächlich beobachten.

Galileis Gezeitentheorie wird in den meisten Büchern so durch und durch falsch dargestellt, daß sie als schlicht absurd erscheint. Galilei nannte zwei Hauptursachen, eine für das ständige Wogen der Meere und die andere für die Gezeitenperiode des Mittelmeers, die sich nicht von der Periode des ständigen Wellengangs ableiten ließ. Heute wird meistens bei der Darstellung von Galileis Theorie eine der beiden von ihm genannten Ursachen unterschlagen und behauptet, er habe das eine vom anderen abgeleitet, wo er doch ausdrücklich gesagt hat, das gehe nicht. Damit rechtfertigt man dann die Behauptung, er habe hier einen törichten Fehler begangen, weil er sich zu sehr in seine kopernikanischen Vorstellungen verbohrt habe. In Wirklichkeit war Galileis Gezeitentheorie zwar unkorrekt, aber wissenschaftlicher Natur, genau wie es auch die Gezeitentheorien von Newton und Laplace waren; eine einigermaßen korrekte Theorie wurde erst gegen Ende des neunzehnten Jahrhunderts entwickelt.

Die Erlaubnis für die Veröffentlichung des *Dialogs* zu erhalten, erwies sich als ziemlich schwierig. Kurz nachdem die Lizenz schließlich in Rom erteilt worden war, starb plötzlich Prinz Cesi, was die Organisation der *Accadèmia dei Lincei* durcheinanderbrachte, die das Buch hatte herausgeben wollen. Daraufhin wurde eine zweite Lizenz für die Veröffentlichung des Buchs in Florenz erteilt, wo es im März 1632 erschien. Der Ausbruch einer Seuche verzögerte nun auch noch die Sendung der Exemplare nach Rom.

Plötzlich kam im August der Befehl der Römischen Inquisition, jeglichen Verkauf des Buches einzustellen, und Galilei wurde nach Rom beordert, um sich dort vor einem Gericht zu verantworten. Cosimo war schon gestorben, aber der junge Großherzog Ferdinand legte energisch Protest gegen eine derartige Behandlung des Autors eines Buches ein, das in aller Form lizensiert worden war. Es nützte nichts; Urban VIII. war unerbittlich und aufs heftigste erzürnt. Selbst eine schwere Erkrankung Galileis verzögerte die Sache nur kurze Zeit, obwohl er nach Meinung der Ärzte, die ihn im Namen der Florentiner Inquisition untersuchten, nur unter Lebensgefahr transportiert werden konnte. Schließlich war es über all dem Winter geworden; der Weg nach Rom war durch Quarantänen wegen der Seuche unterbrochen, und Galilei ging auf die Siebzig zu. Dennoch wurde ihm befohlen, nach Rom zu kommen, oder man werde ihn in Ketten bringen lassen, und er müsse dann die Kosten für die Gefängnisbeamten tragen, die man von Rom aus losschicken würde, um ihn zu holen.

Was hatte zu diesem Stimmungswechsel geführt? Man hatte Urban VIII. das nicht unterzeichnete Notarsprotokoll von 1616 vorgelegt. Der Papst hatte keinen Grund, es für unecht zu halten, und da Galilei ihm nie erzählt hatte, man habe ihm persönlich befohlen, die Ansichten des Kopernikus auf keinen Fall in die Diskussion zu bringen, sah es für Urban so aus, als habe Galilei einem gesetzlichen Befehl rundweg nicht gehorcht. Wer dieses Dokument ausgegraben hatte, das eigentlich, da juristisch wertlos, hätte vernichtet werden sollen, weiß man nicht. Informierte Kreise in Rom meinten, daß dahinter Scheiner steckte, was ziemlich wahrscheinlich ist. Er hatte 1630 ein umfangreiches Buch über die Sonnenflecken veröffentlicht, das unter anderem einen bitterbösen Angriff gegen Galilei enthielt sowie Einzelheiten über die jährliche Veränderung des Verlaufs der Sonnenflecken. Scheiner nahm an, Galileis Argument am dritten Tag des *Dialogs* (der in Wirklichkeit bereits die Lizenz zur Veröffentlichung erhalten hatte, ehe Galilei Scheiners Buch zu sehen bekam), beruhe auf Informationen aus seinem Buch und diene dazu, für Kopernikus zu sprechen. Scheiner war schon 1624 nach Rom gezogen und hatte eine Stellung inne, aus der heraus er die Inquisition in Gang setzen konnte. Auf jeden Fall brachte das Dokument, das man aus den Archiven der Inquisition zutage gefördert hatte, den Papst zur Überzeugung, Galilei habe ihn vorsätzlich hintergangen.

Galilei kam schließlich im Februar 1633 in Rom an und wurde beim neuen und ihm sehr gewogenen toskanischen Botschafter einquartiert. Dieser war in der Lage, ihm genug zu erzählen, um daraus zu schließen, daß es im wesentlichen um das Treffen 1616 in Bellarmins Residenz ging. Der Botschafter wußte aus erster Hand vom Zorn des Papstes und wunderte sich, wie zuversichtlich Galilei dem Ausgang des Verfahrens entgegensah. Weder er noch sonst einer der Lebenden (außer Galilei) wußte von Bellarmins Bescheinigung.

Der Prozeß begann erst am 12. April. Nach einer Reihe von Fragen über das Schreiben, Lizensieren und Drucken des *Dialogs* kam die Stellungnahme der Gutachter von 1616 zur Sprache. Galilei wurde gefragt, wer sie ihm mitgeteilt habe, und er gab zur Antwort:

> „Im Monat Februar 1616 sagte mir Kardinal Bellarmin, da die Meinung des Kopernikus, wenn man sie uneingeschränkt behauptet, der Heiligen Schrift widerspreche, dürfe man sie nicht vertreten oder verteidigen; als Hypothese jedoch könne man sie nehmen und verwenden. Eine diesbezügliche Bescheinigung habe ich von eben diesem Kardinal, die er mir im Monat Mai, am 26., im Jahr 1616 ausgestellt hat... Eine Kopie dieser Bestätigung lege ich vor... Das Original dieser Bestätigung habe ich bei mir in Rom, und sie ist ganz von der Hand des Kardinals Bellarmin geschrieben." (GW 346)

Der Untersuchungsrichter nahm Einsicht in dieses Beweisstück. Dann stellte er die Frage, ob andere zugegen gewesen seien und ob außerdem irgend jemand Galilei eine Anweisung gegeben habe. Galilei sagte, einige Dominikanerpatres, die er nicht gekannt habe, seien dabei gewesen, und er fuhr fort:

> „Wie ich mich entsinne, spielte sich die Angelegenheit folgendermaßen ab: Eines Morgens schickte Kardinal Bellarmin nach mir, und er sagte mir etwas ganz Bestimmtes, das ich zuerst dem Ohr Seiner Heiligkeit selbst anvertrauen sollte, bevor ich es jemand anderem sagte. Aber schließlich sagte er mir, daß ich die Meinung des Kopernikus nicht vertreten oder verteidigen dürfe, da sie im Widerspruch zur Heiligen Schrift stehe. Was diese Dominikanerpatres betrifft, so erinnere ich mich nicht, ob sie von Anfang an dabei waren oder erst später hinzukamen; auch erinnere ich mich nicht, ob sie anwesend waren, als mir der Kardinal sagte, die genannte Meinung dürfe ich nicht vertreten. Es kann sein, daß mir irgendein (persönlicher) Befehl erteilt wurde, ich dürfe die besagte Meinung nicht äußern oder verteidigen, aber daran kann ich mich nicht mehr erinnern, weil das viele Jahre her ist." (GW 346 f.)

Der Untersuchungsrichter las Galilei hierauf das Verbot vor, in dem die Worte „noch auf irgendeine Weise zu lehren“ standen. Galilei blieb bei seiner Aussage und sagte, er erinnere sich an nicht mehr als an Bellarmins Ermahnung, und er habe sich immer auf die Bescheinigung verlassen – in der es hieß, er sei „lediglich über die von Seiner Heiligkeit erlassene und von der Glaubenskongregation veröffentlichte Erklärung“ unterrichtet worden, daß die Lehre, die Erde bewege sich, „im Widerspruch zur Heiligen Schrift steht und daher nicht verteidigt oder vertreten werden darf.“

Galilei wurde aufgefordert, unverzüglich das unterschriebene Original mit Bellarmins Handschrift vorzulegen, was er tat. Ein unterzeichnetes Dokument, das das Notarsprotokoll bestätigt hätte, auf das die Inquisition ihre Anklage gestützt hatte, war nicht zu finden. So hatte Galilei nach der Regel, daß der bessere Beweis gelte, im einzig wesentlichen Punkt gewonnen. Beim Prozeß wurde keine naturwissenschaftliche Frage gestellt; die Anklage lautete „dringender Verdacht auf Ketzerei“, wozu es genügte, einem offiziellen Befehl nicht gehorcht zu haben, unabhängig davon, ob man irgendeine Ketzerei geäußert hatte oder nicht.

Galilei konnte nicht entlassen werden, ohne daß das Ansehen und die Autorität der Römischen Inquisition Schaden gelitten hätten. So vereinbarte man privat, er solle irgend etwas Falsches zugeben und seine Unterwerfung erklären, und man kam im Gegenzug überein, daß er Milde erfahren solle. Galilei gab also schriftlich zu, er habe seinen *Dialog* noch einmal gründlich durchgelesen und darin Stellen gefunden, an denen er zu weit gegangen sei; er entschuldigte diese Aussagen damit, daß er dabei der Eitelkeit, wozu der Mensch nun einmal neige, zum Opfer gefallen sei, jedoch keinerlei schlechte Absicht im Sinn gehabt habe. Er erwartete eine geringe Strafe, und als er dann zu unbegrenzter Haft verurteilt wurde, traf ihn das ungeheuer schwer.

Während seines Aufenthalts in Rom war Galilei eingeladen worden, nach dem Prozeß Erzbischof Ascanio Piccolomini von Siena zu besuchen. Der Botschafter brachte es zuwege, Galileis Haftstrafe in eine Sicherungsverwahrung bei diesem Erzbischof umwandeln zu lassen, dessen Menschenfreundlichkeit und Verständnis buchstäblich Galileis Leben und geistige Gesundheit rettete. Es gelang ihm, Galileis Aufmerksamkeit wieder auf die Naturwissenschaft zu lenken, und er ermutigte ihn, mit dem Schreiben seiner schon lange geplanten Abhandlung über die Bewegung anzufangen. Der Erzbischof war mit diesem Thema bereits über seinen Mathematiklehrer Buonaventura Cavalieri, einen Schüler Castellis und Freund Galileis, vertraut.

Galileis älteste Tochter Virginia war 1616 in ein Franziskanerinnenkloster in Arcetri eingetreten und hatte den Namen Schwester Maria Celeste angenommen. Galilei hing sehr an ihr, obwohl seine Besuche in diesem Kloster seltener ausgefallen waren, als sich beide gewünscht hätten. Seine Wohnung befand sich damals in Bellosguardo, was ziemlich weit von Arcetri entfernt war. Häufige Krankheiten hinderten ihn daran, die Reise häufiger zu unternehmen, und seine Tochter war unglücklich darüber, daß sie sich nicht um ihn kümmern konnte. 1631 hatte er eine Villa in Arcetri direkt neben dem Grundstück des Klosters erworben, und er sehnte sich jetzt sehr danach, dorthin zurückkehren zu können. Die Briefe seiner Tochter weisen sie als Frau von außergewöhnlicher Intelligenz und Sensibilität aus, die weder in ihrer Loyalität gegenüber ihrem Vater noch gegenüber ihrer Religion unsicher geworden ist, selbst während seines Prozesses nicht. Obwohl ihre Situation im Kloster zu dieser Zeit schwierig gewesen sein muß, teilten ihre Mitschwestern offenbar ihre Freude darüber, daß Galilei aus dem römischen Gefängnis freikam. Ihre Briefe verstärkten seinen Wunsch, nach Arcetri zurückzukehren, wenn sie etwa schrieb:

> „Es sind zwei Tauben im Schlag, die darauf warten, daß Du kommst und sie ißt; der Garten trägt Bohnen, die Du unbedingt pflücken mußt. Dein Turm steht traurig da, weil Du schon so lange fort bist. Als Du in Rom warst, sagte ich mir: ‚Wäre er wenigstens in Siena!‘ Jetzt, wo Du in Siena bist, sage ich mir: ‚Wäre er doch hier in Arcetri!‘ Aber Gottes Wille geschehe.“ (PLG 266)

Ende 1633 erhielt Galilei schließlich die Erlaubnis, in seine Villa zurückzukehren, wo er den Rest seines Lebens unter der Überwachung durch Beamte der Inquisition verbrachte.

Bald nach seiner Rückkehr bekam Galilei ein schweres Bruchleiden und bat Rom um die Erlaubnis, in Florenz Ärzte aufsuchen zu dürfen. Diese wurde ihm verweigert, was er genau an dem Tag erfuhr, an dem er zum letztenmal Schwester Maria Celeste sah, die schwerkrank in ihrem Kloster darniederlag. Ihr Tod am 2. April 1634 versetzte Galilei einen weiteren harten Schlag, von dem er sich nur sehr langsam erholte. Eine Zeitlang sah es gar nicht so aus, als ob er sich davon überhaupt noch einmal erholen würde. So schrieb er etwas später im selben Monat an einen Freund:

> „Ich habe Dir bislang nichts über meinen Gesundheitszustand geschrieben, der tatsächlich traurig ist. Das Bruchleiden ist schlimmer als vorher wiedergekommen. Mein Herz beginnt immer wieder heftig zu rasen; mein ungeheurer Kummer und meine Melancholie (führen zu) Appetitlosigkeit. Ich kann mich selbst nicht mehr ausstehen, höre ständig meine geliebte Tochter mich rufen... Zudem bin ich nicht wenig geängstet durch dauernde Schlaflosigkeit... Derzeit habe ich keine Lust zum Schreiben; ich bin so außer mir, daß ich sogar darin nachlässig werde, die persönlichen Briefen meiner Freunde zu beantworten.“ (OP xvi 85)

7. Die letzten Jahre

Zu Anfang seines Aufenthalts in Siena hatte Galilei an Schwester Maria Celeste geschrieben, sein Name sei aus dem Buch der Lebendigen getilgt. Die Briefe an seine Tochter sind nicht erhalten, aber daß er seine Verurteilung durch die Kirche als derart vernichtend empfand, geht aus ihrer Antwort hervor:

> „Sage nicht, Dein Name sei *de libro viventium* gestrichen, denn das stimmt nicht, weder in der übrigen Welt noch in deinem eigenen Land. Im Gegenteil: Ich habe den Eindruck, wenn Dein Name und Ruf für kurze Zeit unter einer Wolke waren, so sind sie jetzt zu noch größerem Ruhm wiederhergestellt. Das ist erstaunlich, denn ich weiß, daß kein Prophet in seinem eigenen Land etwas gilt." (PLG 265)

Die aufmunternden Worte seiner Tochter waren zunächst nur Ausdruck der Freude und Erleichterung, die man auch an anderen Orten über Galileis Entkommen aus der Haft im römischen Gefängnis empfand. Doch das von ihr Vorhergesagte sollte sich schon bald erfüllen, denn 1634 wurde Galileis *Mechanik* durch den Minimitenbruder Marinus Mersenne ins Französische übersetzt, lange bevor ihre italienische Originalausgabe in den Druck ging. Im darauffolgenden Jahr wurde sein *Dialog*, der bis dahin unter einem schlechten Stern gestanden hatte, in einer von Matthias Bernegger zu Straßburg angefertigten lateinischen Übersetzung gedruckt und erreichte auf diese Weise weltweit ein viel größeres Publikum als der verbotene italienische Text. Und 1636 erschien in gedruckter Form der *Brief an Christina*, der bislang nur in handschriftlichen Kopien im Umlauf gewesen war, zusammen mit einer lateinischen Übersetzung, womit ganz Europa erfuhr, was Galilei davon hielt, wenn man Bibelstellen auf rein physikalische Fragen bezog. Der lateinische Titel des Buches definierte physikalische Fragen als solche, „die mittels sinnenhafter Erfahrungen und notwendiger anschaulicher Demonstrationen in Angriff genommen werden können“. Damit hatte Galilei eine präzise Definition der Art von Wissenschaft, die von der theologischen Zensur unbehelligt bleiben sollte, formuliert, und diese konnte nun von jedem Gelehrten in Europa aufgenommen werden. Der Übersetzer war Elia Diodati aus Paris, mit dem Galilei schon lange korrespondiert hatte, und die Drucker waren die Elzevirs in Holland.

Es erschienen mehrere Bücher, die den *Dialog* scharf angriffen und auf die Galilei keine öffentliche Erwiderung äußern konnte. Ein solches Buch, verfaßt von einem verbohrten Anhänger des Aristoteles aus Venedig namens Antonio Rocco, veranlaßte Galilei dazu, sein Exemplar mit Randnotizen zu versehen und dann ausführlich auf zusätzlichen Blättern viele Entgegnungen und Anmerkungen niederzuschreiben. Kopien davon schickte er an den Servitenpater Fulgenzio Micanzio, der Sarpis Assistent gewesen war und nach Sarpis Tod 1623 dessen Nachfolge als theologischer Berater der venezianischen Regierung angetreten hatte. Micanzio war bereits zu seiner Zeit in Padua ein Freund und Bewunderer Galileis gewesen; von da an hatte er mit ihm in ständiger Korrespondenz gestanden und ihm viele unschätzbare Dienste erwiesen. Micanzio schrieb:

> „Ich nahm Deinen *Dialog* und Roccos Buch in die Villa mit, sonst nichts. Ich habe beides mit Vergnügen gelesen. Im Geist geriet ich in die Verfassung, in der das Auge ist, wenn es dem Clown zuschaut, der den Akrobaten nachmacht... Ich kann die spekulative Physik gar nicht mehr ertragen; wenn man die Grundsätze der Aristoteliker noch einmal einer kritischen Prü-

fung unterzieht, wie Du es getan hast, gehen sie – so kommt es mir vor – alle in Rauch auf.“ (GW 362)

Unter den vielen Themen, die Galilei in seinen Anmerkungen zu Roccos Buch anschnitt, war ein für die Mathematik besonders wichtiges, über das er bereits vor seinem Umzug im Jahre 1610 nach Florenz einen (verlorengegangenen) Traktat geschrieben hatte. Es ging um das Kontinuum, das später für die Erfindung der Infinitesimalrechnung grundlegend war. Galileis geometrische Analyse der endlosen Fortdauer hatte es ihm 1608 ermöglicht, die kontinuierliche Fallbeschleunigung zu verstehen. Er wandte jetzt eine ähnliche Methode der Analyse auf die Struktur der Materie an, wie man aus seinem Einleitungsdialog in seinem letzten und größten wissenschaftlichen Buch ersieht, das er in Siena zu schreiben begonnen hatte. Es trug den Titel *Zwei neue Wissenschaften* und wurde 1638 in Leiden von einem Mitglied der Familie Elzevir veröffentlicht, das erst unlängst seine eigene unabhängige Firma eröffnet hatte. Die Abfassung dieses Buches beschäftigte Galilei von 1634 bis 1637. Es bestand aus zwei voneinander mehr oder weniger unabhängigen Abhandlungen über grundlegende Bereiche der Physik, nämlich die Struktur der Materie und die Bewegungsgesetze. Er gab beiden die Form von je zweitägigen Unterredungen zwischen den gleichen Gesprächspartnern wie im *Dialog*. Galilei verknüpfte die beiden Themen mit beträchtlicher Kunstfertigkeit miteinander: Im Eröffnungsteil erörterte er zunächst die Struktur und den Widerstand der verschiedenen Materialien, erarbeitete anhand dessen die Grundlagen der Mathematik und Physik und bot dann zum Schluß eine Analyse der Bewegung.

Die erste Hälfte dieses Buches war Mitte 1635 fertig, und auf Anregung eines Medici-Prinzen vertraute Galilei eine Abschrift des Manuskripts einem Florentiner Ingenieur an, der nach Deutschland reiste, um in die Dienste des Kaisers zu treten. Auf diese Weise sollte ein Verleger gefunden werden, der nichts von der römischen Anordnung wußte, kein von Galilei geschriebenes oder herausgegebenes Buch dürfe gedruckt oder nachgedruckt werden. Galilei selbst war die Tragweite dieser Anordnung gar nicht voll bewußt gewesen, bis ihm Micanzio schrieb, was er erlebt hatte, als er an den venezianischen Inquisitor mit der Frage herangetreten war, ob sich für Galileis neues Buch, das absolut nichts mit theologischen Fragen zu tun habe, wohl eine Lizenz erhalten lasse. Man unterrichtete ihn über die Anordnung, worauf er einwandte, das werde ja wohl nicht heißen, falls Galilei zum Beispiel das Vaterunser im Druck erscheinen lassen wolle, sei ihm das verboten. Der Inquisitor hatte ihm daraufhin kategorisch den Wortlaut der Anordnung gezeigt, die in der Tat das Drucken jeglichen Textes untersagte, den Galilei jemals schreiben sollte oder auch nur herausgeben wolle.

Geduldig versuchte der Ingenieur monatelang, in Deutschland und Polen einen Verleger zu finden, aber überall gab es Jesuiten, die mit Argusaugen darüber wachten, daß von Galilei nichts mehr erschien. Ironischerweise handelte es sich beim einzigen Verleger, der sich schließlich bereit fand, Galileis Text zu drucken, um einen Kardinal, der in seinem eigenen Haus eine Druckerei eingerichtet hatte; aber dieser starb, bevor man mit der Arbeit angefangen hatte. Derweil hatte Diodati Galilei den Tip gegeben, es bei den Elzevirs zu versuchen, die seinen *Brief an Christina* zusammen mit einer lateinischen Übersetzung sowie den *Dialog* auf lateinisch gedruckt hatten. Außerdem war er von einem Mathematiker in Frankreich um die Zusendung des Manuskripts gebeten worden, der voller Zuversicht war, einen französischen Verleger zu finden. Schließlich suchte Louis Elzevir, der gerade seinen eigenen Betrieb eröffnete, Galilei in Arcetri auf und erklärte sich bereit, diese Arbeit zu übernehmen. Einen Teil des Werks erhielt er noch vor seiner Abreise aus Italien über Micanzio in Venedig, und die restlichen Teile wurden in Raten ebenfalls über Micanzio an die Drucker nach Leiden geschickt. Die dramatische Geschichte, in Galileis Haus hätten ihn Vertreter der Inquisition genau überwacht und er habe sein Manuskript an ihnen vorbei aus dem Haus schmuggeln müssen, ist frei erfunden. Das wenige, was wir tatsächlich wissen, macht eher den Eindruck, daß die ins Haus Galileis abgeordneten Wächter der Inquisition sich im Laufe der Zeit recht gut mit ihm anfreundeten und lediglich „Dienst nach Vorschrift" machten, der im wesentlichen darin bestand, alle Besucher Galileis in Arcetri zu überwachen und nach Rom zu melden.

Der *Dialog* war vor allem wegen seiner Aussagen über die Physik ziemlich wichtig gewesen, obwohl er vermutlich hauptsächlich wegen seiner Erörterung der astronomischen Systeme und wegen seiner Berühmtheit als verbotenes Buch gelesen wurde. Es war eine englische Übersetzung davon angefertigt worden, wie Thomas Hobbes Galilei bei einem Besuch im Jahre 1634 versicherte, doch wurde diese nicht veröffentlicht, vermutlich weil die lateinische Fassung von Bernegger jedem interessierten Wissenschaftler – in England wie anderswo – zur Verfügung stand. Sir Isaac Newton las eine spätere, davon unabhängige englische Übersetzung, die 1661 veröffentlicht worden war, und machte einige Anmerkungen dazu, als er erstmals 1666 die Möglichkeit der allgemeinen Schwerkraft in Betracht zog. Galilei hatte das Gesetz fallender Körper in den *Dialog* einbezogen, jedoch nur beiläufig und mit dem Versprechen, es in einem späteren Buch ausführlicher zu entwickeln. Andere für die Physik wichtige Beiträge waren Galileis Prinzip der Relativität der Bewegung, das später Christian Huygens hervorragend weiterentwickelte, und sein Begriff von der Erhaltung der Bewegung, den Descartes weiter ausbaute und der von Newton auf eine Weise zum Trägheitsgesetz entwickelt wurde, von der Galilei gemeint hatte, sie sei wissenschaftlich nicht legitim. Aber all das, obwohl für sich schon beeindruckend genug, wurde noch von dem übertroffen, was Galilei als Kernstück seiner Physik in den *Zwei neuen Wissenschaften* entwickelte; besondere Aufmerksamkeit verdient die Art, wie er darin seinen Gegenstand systematisch anpackte.

Die erste dieser beiden Wissenschaften war tatsächlich neu: Niemand zuvor hatte die Struktur der Materie mathematisch erörtert oder hatte eine Theorie darüber aufgestellt, wie man den

Widerstand des Materials brechen könne. Natürlich hatten die Ingenieure und Architekten über letzteres eine Menge praktischen Wissens angesammelt. Das war *techne* im Sinne des Aristoteles, und Galileis Werk veranschaulicht den Unterschied zwischen ihr und der nützlichen Wissenschaft. Ausgehend vom Hebelgesetz und von der Annahme, die Kohäsion der Partikel eines Festkörpers sei einheitlich verteilt, stellte Galilei eine Reihe von Lehrsätzen vor, die alles Bekannte in ein System brachten und es mittels mathematischer Deduktion wesentlich weiter ausbauten. Bemerkenswert war auch seine Entdeckung, daß es für alles, was aus ein und demselben Material besteht und die gleichen Proportionen beibehält, eine Grenze hinsichtlich seiner Größe gibt:

> „Auch könnte die Natur keine Bäume von unermeßlicher Größe wachsen lassen, denn schließlich würden deren Äste infolge ihres eigenen Gewichts abfallen; und genauso wäre es unmöglich, Knochengerüste für Menschen, Pferde oder andere Lebewesen anzufertigen, die existieren und ihre körperlichen Funktionen ausüben könnten, würde man diese Lebewesen proportional zu unermeßlicher Größe erweitern... Daraus folgt, daß sich bei der Verkleinerung von Körpern ihre Stärke nicht proportional dazu verkleinert; vielmehr nimmt diese Stärke in sehr kleinen Körpern in größerem Verhältnis zu, und ich glaube, ein kleiner Hund könnte auf seinem Rücken zwei oder drei Hunde von gleicher Größe tragen, während ich bezweifle, ob ein Pferd auch nur ein Pferd seiner Größe tragen könnte..." (TNS 127)
>
> „Bei Wassertieren geschieht das Gegenteil von dem, was bei Landtieren geschieht. Im Fall der letzteren hat das Knochengerüst die Aufgabe, sein eigenes Gewicht sowie dasjenige des Fleisches zu tragen, während bei ersteren das Fleisch sein eigenes Gewicht selbst trägt, und dazu noch das der Knochen. So kann man verstehen, warum es sehr große Tiere im Wasser geben kann, aber nicht auf der Erde, das heißt in der Luft." (TNS 129)

Das ist ein gutes Beispiel für die nützliche Wissenschaft im Unterschied zum praktischen Wissen. Das Hauptinteresse Galileis richtete sich darauf, vorhandenes Wissen mathematisch so zu organisieren, daß man daraus weiteres Wissen ableiten konnte; andere dagegen suchten nach Prinzipien, aus denen sich mittels logischer Schlüsse die gesamte Wahrheit ableiten ließe. Galileis Untersuchungen erforderten Arbeit von einer Art, die ihm wenig Zeit übrig ließ, sich philosophischen Spekulationen hinzugeben, selbst wenn er den Hang dazu gehabt hätte, und als er an seinem letzten Buch arbeitete, hatte er bereits eine ziemlich große Abneigung dagegen entwickelt. Die Berechnungen, die ihm gezeigt hatten, in welcher Richtung die Naturwissenschaft Fortschritte machen konnte, waren sehr zeitraubend. Sie füllen allein schon unter seinen erhaltenen Arbeitspapieren hunderte von Folioblättern, d.h., es hatte harter Arbeit bedurft, schlagende Argumente gegen die Überzeugungen der Naturphilosophen zu entwickeln und zu belegen. Um diese Beweise völlig begreifen zu können, würden andere die gleiche Mühe aufwenden müssen. Doch wie Galilei festgestellt hatte, bevorzugten die meisten Menschen großartige Versprechungen; was er zu bieten hatte, war dagegen lediglich eine bescheidene nützliche Wissenschaft.

Die zweite Wissenschaft, die Galilei in seinem letzten Buch vorstellte, war in einem ganz anderen Sinn neu, wie er in seiner Einführung hervorhob. Es handelte sich um die Wissenschaft von den natürlichen Bewegungen, über die (wie er sagte) schon ziemlich viele Bücher geschrieben worden seien, aber alle, ohne daß ihre Autoren auf die Grundeigenschaften der Bewegung geachtet hätten, die er untersucht habe. Aristoteles hatte die Bewegung und Veränderung zur Grundlage aller Physik erklärt, aber niemand hatte das Gesetz erkannt, nach dem Körper beim natürlichen Fall beschleunigt werden; und niemand hatte erklären können, welche einzelnen Bewegungen zusammenwirken, anhand derer man die Bahn von Geschossen hätte exakt beschreiben können. Ersteres war der Gegenstand des dritten Dialogs der *Zwei neuen Wissen-*

schaften, letzteres des vierten und letzten. Er hatte einen fünften verfaßt, über die Kraft des Aufpralls, aber beschlossen, ihn von der Veröffentlichung zurückzuhalten, weil er nicht ganz damit zufrieden war.

Galileis Wissenschaft der natürlichen Bewegung war im selben Sinn eine nützliche Wissenschaft wie seine Wissenschaft von der Materialstärke. Sie enthielt eine ganze Reihe von Lehrsätzen mit nur theoretischem Interesse, aber damit war der Grund für eine mathematische Behandlung vieler praktischer Probleme der Physik gelegt. Galilei ließ Simplicio, den Aristoteliker, den Einwand machen, eine horizontale Ebene sei genaugenommen gar nicht ganz horizontal und der Luftwiderstand bremse die Bewegung, was der Vertreter seiner eigenen Ansicht bestätigte und wozu er noch weitere nicht ganz ausschaltbare Faktoren nannte.

> „Ich räume ein, daß die im Abstrakten gezogenen Schlüsse im Konkreten eine leichte Veränderung erfahren... (Aber) wenn solche geringfügigen Abweichungen bei der praktischen Anwendung berücksichtigt werden müßten, dann müßten wir damit anfangen, den Architekten ihren Irrtum vorzuhalten, wenn sie beim Bau der höchsten Türme meinen, daß sie mit Bleiloten parallele Linien erhalten (denn diese Linien laufen in Wirklichkeit im Erdmittelpunkt zusammen)." (TNS 223f.)

Die Mischung aus *techne* und *episteme*, aus der sich die nützliche Wissenschaft ergab, wurde nicht nur von den Philosophen in Galileis Tagen abgelehnt, sondern auch von heutigen. Daß man seitdem beides immer wieder getrennt hat, hat sich als eine brauchbare Fiktion zum Zweck der Analyse bewährt; in der Praxis trennte man sie aber nicht mehr, wie es von der Zeit des Aristoteles bis zu der Galileis üblich gewesen war.

Als die *Zwei neuen Wissenschaften* gedruckt wurden, war Galilei völlig erblindet. 1638 erhielt er nach langwierigem Verhandeln und vielen Garantiebeteuerungen des florentinischen Chefinquisitors die Erlaubnis, eine Zeitlang bei seinem Sohn in Florenz zu wohnen, um Ärzte konsultieren zu können; aber mit anderen durfte er nicht sprechen. Selbst für den Besuch der Gottesdienste in der Karwoche brauchte er eine Sondererlaubnis zum Verlassen des Hauses und mußte ausdrücklich versprechen, sich mit niemandem zu unterhalten. Der Verlust des Augenlichts war für Galilei eine besondere Prüfung, nicht nur weil er damit nicht mehr lesen und schreiben konnte, sondern weil er auch sein Leben lang eine besondere Gabe für das genaue Beobachten besessen hatte, die ihn zu seinen Entdeckungen in der Physik und der Astronomie geführt hatte.

> „Ach je, Dein Freund und Diener Galileo ist seit dem letzten Monat unheilbar blind, so daß dieser Himmel, diese Erde, dieses Universum, also alles, was dank meiner bemerkenswerten Entdeckungen und klaren Nachweise nun um das Hundertfache größer erscheint, als es die Weisen vergangener Zeiten für möglich hielten, für mich fortan zu einem Raum zusammengeschrumpft ist, der so klein ist, daß ich ihn mit meinen eigenen Sinnesempfindungen ausfüllen kann.“ (PLG 283)

Ende 1638 schloß sich Galilei ein junger Schüler an, Vincenzio Viviani, der bei ihm wohnte und studierte und ihm bei allen Verrichtungen als Gehilfe diente. Viviani schrieb mehrere Jahre später die erste ziemlich ausführliche Biographie seines Lehrers, und obwohl sie nachweisliche Irrtümer enthält, ist sie von besonderem Wert, weil sich darin etliche persönliche Anekdoten finden, die er von Galilei während seiner letzten Lebensjahre erfahren hatte.

1640 diktierte Galilei auf Bitten von Prinz Leopold de' Medici einen langen Brief, in dem er auf Teile eines Buchs antwortete, das Fortunio Liceti, Professor der Philosophie an der Universität von Padua, geschrieben hatte. Galilei hatte lange auf freundschaftlichem Fuß mit Liceti verkehrt, der in seinen vielen Büchern Kometen, neue Sterne, phosphoreszierende Steine und alles nur Erdenkliche im orthodoxen aristotelischen Sinn erklärt hatte, während die Naturwissenschaftler dafür andere Erklärungen boten. Bei seiner Besprechung der Phosphoreszenz hatte er Galileis Ansicht aus dem *Dialog*, beim schwachen Licht, das man auf dem Mond kurz vor Neumond sehe, handele es sich um eine Reflexion des Sonnenlichts von der Erde, falsch zitiert und angegriffen. Liceti erfuhr von Galileis Brief und erbat sich eine Kopie, um die darin enthaltenen Argumente in einer weiteren Veröffentlichung zu widerlegen. Galilei war einverstanden, wollte den Brief jedoch noch einmal inhaltlich und formal überarbeiten, denn er hatte nicht vorgehabt, ihn so zu veröffentlichen. Er ist deshalb besonders interessant, weil er zeigt, daß Galilei gegen Ende seines Lebens zu einer versöhnlichen Haltung gegenüber Aristoteles gekommen war, allerdings ganz und gar nicht gegenüber dessen selbsternannten Jüngern wie Liceti.

Im Verlauf ihrer Korrespondenz hatte Galilei geäußert, er betrachte sich als einen besseren Aristoteliker als diejenigen, die sich beschwerten, er greife Aristoteles an. Höchstwahrscheinlich bediente sich Galilei dieser Formulierung, weil er in seinem Herzen fühlte, aber unmöglich aussprechen konnte, daß er ein besserer Theologe gewesen sei als alle, die gegen den Kopernikanismus Sturm gelaufen waren. Jedenfalls erwiderte Liceti mit einiger Ironie, es sei ihm eine höchst erfreuliche Nachricht, daß Galilei behaupte, er widerspreche nicht den Lehren von Aristoteles: „Mir kam es so vor, als hätte ich Euren Schriften das Gegenteil entnommen, aber es kann ja sein, daß ich mich in dieser Hinsicht getäuscht habe, wie auch viele andere, die mit mir einer Meinung sind." Galilei entgegnete:

> „Ein echter Peripatetiker sein – also ein aristotelischer Philosoph –, das heißt in erster Linie, in Übereinstimmung mit den Lehren des Aristoteles zu philosophieren ... wozu die Lehre gehört, man solle beim Vernunftdenken alles Irreführende meiden ... Was das angeht, habe ich aus den unzähligen Fortschrit-

ten, die die reinen Mathematiker erzielt haben und dabei nie in die Irre gegangen sind, die Methode des sicheren Nachweises gelernt. Insofern bin ich also ein Peripatetiker.

Zu den sicheren Methoden der Wahrheitsfindung gehört es, allem Vernunftdenken die praktische Erfahrung vorausgehen zu lassen, da wir mit Sicherheit annehmen, daß jeder Irrtum zumindest versteckt im Denken stecken muß, denn daß die Sinneserfahrung der Wahrheit widerspreche, ist nicht möglich. Das ist auch eine von Aristoteles hochgeschätzte Regel, deren Wert er viel höher als denjenigen aller Autoritäten in der Welt angesetzt hat...

Diejenigen, welche die genannte Regel nicht richtig anwenden ... meinen, gutes Philosophieren bestehe darin, jeden Spruch oder Lehrsatz, den Aristoteles geschrieben hat, anzunehmen und beizubehalten. Um das zu gewährleisten, treiben sie es so weit, daß sie die Sinneserfahrung leugnen und den Texten des Aristoteles seltsame Auslegungen geben... Ich bin mir sicher, wenn Aristoteles zur Erde zurückkehren würde, würde er eher mich unter seine Anhänger aufnehmen, und zwar wegen meiner wenigen, aber schlüssigen Einsprüche gegen ihn, als sehr viele andere Leute, die aus seinen Texten Ideen herauslesen, die ihm nie in den Kopf gekommen wären, und das alles nur, um weiterhin behaupten zu können, jeder einzelne Satz von ihm sei wahr.“ (GW 408 f.)

Liceti hatte nicht nur Galileis Vorstellungen angegriffen, sondern sie in seinem Buch auch verzerrt dargestellt und ihm Dinge zugeschrieben, die er nie gesagt hatte oder die ihm schon vorher von anderen Peripatetikern unterstellt worden waren. Geduldig stellte Galilei sie alle richtig, erklärte wiederum seine Gedankengänge und wies Liceti in seinen Argumenten unzählige Fehler nach. Aber es bestand überhaupt keine Hoffnung, akademische Philosophen für eine derart nüchterne und nützliche Wissenschaft gewinnen zu können. Liceti ließ sich nicht davon überzeugen, daß es gefährlich sei, anerkannte Lehrmeinungen ungeprüft zu übernehmen und so zu interpretieren, daß sie zu den vorgefaßten Vorstellungen paßten. Er versuchte in einem ermüdenden Buch, Galileis Brief zu widerlegen, wofür er 183 Abschnitte brauchte. In den Jahrhunderten danach gab es einige wenige Philosophen (der erste war David Hume), welche die Naturwissenschaft ähnlich einschätzten wie Galilei, und einige andere fingen an, Ideen aufzugreifen und weiterzuverfolgen, von denen sie fälschlicherweise meinten, sie seien diejenigen Galileis gewesen. Die meisten jedoch zogen es vor, weiterhin „Welten auf dem Papier" – so nannte es Galilei – zu konstruieren, Welten fernab der sinnlich erfahrbaren Welt.

Es ist in der Tat ziemlich schwierig, die Welt der alltäglichen Erfahrung in einem auf Papier gedruckten Buch darzustellen; Galilei war einer der wenigen Schriftsteller, denen das recht gut gelang. Er brachte das dadurch zustande, daß er eine Unmenge schlichter Beispiele aus der Alltagswelt anführte, die jeder schon einmal beobachtet, aber noch nie genauer bedacht hat. Es ist fast unmöglich, eines von Galileis Argumenten über das vom Mond reflektierte Licht der Erde – die These aus dem *Dialog,* gegen die sich Liceti gerichtet hatte – zu lesen, ohne sich genau den wirklichen Mond, wirkliche Wolken und wirkliche Berge vorzustellen und nicht nur den Begriff „Mond" aus der Astronomie und verbale Abstraktionen über Wolken und Berge:

> „SALVIATI: Sage mir, wenn der Mond fast voll ist, so daß man ihn bei Tag und auch mitten in der Nacht sehen kann, erscheint er da tagsüber oder bei Nacht leuchtender?
> SIMPLICIO: Unvergleich stärker bei Nacht... Ich habe den Mond zuweilen bei Tag zwischen kleinen Wolken betrachtet, und er sah ganz klein und gebleicht aus; aber in der folgenden Nacht schien er ungemein strahlend.
> SALVIATI: Wenn du nun den Mond nie bei Nacht und immer nur bei Tag gesehen hättest, wärest du folglich zum Schluß gekommen, er strahle nicht heller als eine dieser kleinen Wolken

… Aber jetzt sage mir, glaubst du, daß der Mond bei Nacht tatsächlich heller leuchtet als bei Tag, oder sieht er nur durch einen Zufall dann so aus?
SIMPLICIO: Ich glaube, an sich scheint er am Tag genauso stark wie bei Nacht…
SALVIATI: Hast du jemals mitten in der Nacht die Erde von der Sonne beschienen gesehen?…
SIMPLICIO: Es ist unmöglich für jeden, der auf der Erde ist, so wie wir, bei Nacht den Teil der Erde zu sehen, wo es Tag ist…
SALVIATI: So hattest du also noch nie die Gelegenheit, die Erde beleuchtet zu sehen, außer bei Tag, aber du siehst dennoch in der finstersten Nacht den Mond am Himmel scheinen. Und das, Simplicio, ist der Grund, weshalb du glaubst, die Erde scheine nicht wie der Mond, denn wenn du die Erde von einem Ort aus sehen könntest, der finster wie die Nacht ist, würde sie dir strahlender erscheinen als der Mond. Willst du folglich deinen Vergleich im richtigen Verhältnis anstellen, müssen wir das Licht der Erde und das des Mondes, wie es am Tag aussieht, nicht das des nächtlichen Monds, nebeneinanderstellen…

Nun hast du bereits eingeräumt, du habest den Mond am Tag zwischen kleinen weißlichen Wolken gesehen und er habe fast wie eine von ihnen ausgesehen. Das läuft auf die Annahme hinaus, daß diese kleinen Wolken zwar aus Elementarmaterie bestehen, aber genauso geeignet sind, das Licht zu empfangen, wie es der Mond ist. Mehr noch, du erinnerst dich vielleicht, daß du gelegentlich schon einige sehr große, schneeweiße Wolken gesehen hast. Es kann kein Zweifel bestehen, daß, könnte eine solche Wolke in der finstersten Nacht genauso hell bleiben, sie die umliegende Gegend heller als hundert Monde erleuchten würde.

Wären wir uns also sicher, daß die Erde von der Sonne genauso stark erhellt wird wie eine dieser Wolken, so wäre es keine Frage mehr, daß sie nicht weniger hell strahlt als der Mond. Nun schwindet vollends aller Zweifel bezüglich dieses Punktes, wenn wir die gleichen Wolken in Abwesenheit der Sonne sehen und sie die ganze Nacht lang so finster wie die Erde bleiben. Und was noch mehr ist, es gibt keinen von uns, der nicht schon eine Wolke gesehen hat, die ganz niedrig und weit entfernt war, und sich gefragt hat, ob das nun eine Wolke oder ein Berg sei – ein deutlicher Hinweis darauf, daß Berge nicht weniger hell erleuchtet sind als solche Wolken.“ (D 87–89)

Galilei war sich darüber im klaren, daß er den Geist seiner Leser ständig auf ihre eigenen visuellen Erfahrungen gerichtet halten mußte, damit sie diese Art der Wissenschaft mehr überzeugte als die bloßen Wortspielereien der Naturphilosophie. Das gelang ihm auch deshalb, weil er sich der rhetorischen Mittel bediente, die er von den Dichtern gelernt hatte. Er war ein großer Bewunderer der Dichtkunst und behauptete, er verdanke seinen eigenen literarischen Stil dem Studium des Ariost, von dessen Werken es heißt, Galilei habe sie auswendig gekonnt. In der Kontroverse von 1619 bis 1623 über den Kometen hatte sein jesuitischer Gegner an das Zeugnis der Dichter appelliert, um die Existenz bestimmter Phänomene zu beweisen. Galilei hatte das als Beweis verspottet und dabei geäußert, die Natur habe kein Gefallen an Poesie. Etwas ganz anderes war es, bei der Beschreibung poetische Kniffe anzuwenden. Das diente nicht der Berufung auf die Autorität irgendeines Autors, sondern sollte dem Leser auf lebendige Weise Dinge in Erinnerung rufen, die er bereits selbst gesehen hatte. So ist es auch nicht überraschend, daß der alte Galilei einige junge Dichter ermutigt hat, auf dem Gebiet der Literatur das gleiche zu bewerkstelligen, was sein Vater für die Musik geleistet hatte und er selbst in der Naturwissenschaft vorantrieb. Er selbst hatte auch einen ausführlichen Vergleich der Dichtung von Ariost und Tasso geschrieben. In seinem Bemühen, die neue Wissenschaft den Laien zu erschließen und schmackhaft zu machen, verwendete er literarische Techniken, während er die Mathematik dafür einsetzte, diese Wissenschaft seinen Kollegen nahezubringen.

Das gleiche Interesse an der Sprache kommt in Galileis Argument zum Ausdruck, daß sich die Theologie nicht in die Freiheit des wissenschaftlichen Forschens einmischen sollte. In seinem *Brief an Christina* hob er deutlich seine Auffassung hervor, die Verfasser der Bibel hätten, von Gott dazu inspiriert, sich einer Sprache bedient, welche die gewöhnlichen Leute leicht verstehen würden. Sie hätten deshalb nicht vom Feststehen der Sonne und der Bewegung der Erde gesprochen, weil das diesen einfachen Leuten zweifelhaft vorgekommen wäre; folglich hätte es in ihnen auch Zweifel über die Dinge des Glaubens und der Erlösung geweckt, um die es den Verfassern der Bibel ging. Nach Galileis Auffassung sahen sie also voraus, daß viele Menschen derlei Aussagen über Sonne und Erde für Unsinn halten und dann auch ihre viel wichtigeren Botschaften anzweifeln würden. Bellarmin verstand das, warnte Galilei aber davor, sich solcher Argumente zu bedienen, weil er damit etliche seiner weniger weisen Gegner in Rage bringen würde.

Doch Galilei stellte nicht nur semantische Überlegungen an, sondern er unterschied auch zwischen Fragen, welche die Naturwissenschaft beantworten könne, und solchen, für die ausschließlich die Philosophen zuständig seien. So schrieb er an Liceti:

> „Das Problem oder die Frage nach dem Mittelpunkt des Universums und ob die Erde darin steht, gehört zu den unwichtigsten Überlegungen der ganzen Astronomie. Den größten Astronomen hat die Annahme genügt, daß die Erdkugel im Vergleich mit den Umlaufbahnen der Sterne von ganz winziger Größe sei und daß sie entweder im Zentrum der täglichen Umdrehung dieses Umlaufbahnensystems oder ganz in der Nähe davon anzusiedeln sei. Es besteht kein Grund, sich bis zur Erschöpfung um diesen Beweis zu bemühen, und genausowenig um den, daß die Fixsterne in einem Raum stehen, der von einer kugelförmigen Oberfläche eingefaßt wird; es genügt, daß sie in einer unermeßlichen Entfernung von uns sind. Genauso ist es meiner Meinung nach eine überflüssige und vergebliche Mühe, diesem

Raum, dessen Umriß weder bekannt ist noch gewußt werden kann (ja noch nicht einmal, ob er überhaupt einen Umriß hat), ein Zentrum zuzuweisen. Zu glauben, man könne die Erde in einem Zentrum ansiedeln, von dem man gar nicht weiß, ob es im Universum existiert, ist in der Tat ein fruchtloses Unternehmen." (GW 411)

Von solcher Art war in Galileis Augen die gewöhnliche Tätigkeit der Naturphilosophen, weshalb man sich statt dessen lieber mit der nützlichen Wissenschaft befassen sollte. Bis zu seiner Zeit war die Wissenschaft die Magd der Philosophie gewesen, und diese wiederum die Magd der Theologie. Es ging ihm darum, die Naturwissenschaft von ihrer Knechtung durch die Philosophie zu befreien, die allzu lange das Hindernis für ihre Brauchbarkeit und ihren Fortschritt gewesen war. Als Endergebnis schwebte ihm eine bessere Philosophie vor; die radikale Vorstellung, daß die Naturwissenschaft von allen Einschränkungen frei sein solle, war jedoch seinem Denken fremd. Ihre Beschränkungen sollten so gelagert sein, daß nie ein Konflikt mit der Theologie entstehen könne, und daraus würde sich schließlich eine Philosophie ergeben, die mit der Naturwissenschaft wie auch mit der Theologie in Harmonie stünde.

Später formulierten Intellektuelle, welche die Religion als unversöhnliche Feindin der Naturwissenschaften betrachteten, einen radikaleren Wissenschaftsbegriff, der die absolute Freiheit der Forschung forderte. Vermutlich hätte dieser keinen besonders großen Rückhalt erfahren, wenn die katholische Kirche nicht den katastrophalen Fehler begangen hätte – den zu verhindern Galilei alles getan hatte –, offiziell Partei für die eine Art der Wissenschaft gegen die andere zu ergreifen. Nachdem sie erst einmal diese Position eingenommen hatte, mußte viel Zeit verstreichen, in der die Kirche – wie auch in anderen Fällen – ihren Fehler dadurch zu rechtfertigen versuchte, daß sie besonders hartnäckig in ihm verharrte. Erst 1890 änderte sie ihre Haltung und vertrat nun eine

Position, die weitgehend derjenigen glich, die Galilei in seinem *Brief an Christina* vorgeschlagen hatte. Schließlich hat erst vor kurzem Papst Johannes Paul II. anerkannt, daß Galileis *Brief* „wichtige erkenntnistheoretische Leitlinien formuliert hat, die für die Versöhnung von Heiliger Schrift und Naturwissenschaft unverzichtbar sind". Es besteht kein Grund zur Annahme, Galilei habe nicht schon damals, als er den *Brief* schrieb, genau das gewollt.

Galilei fühlte sich durch den Richterspruch des „dringenden Verdachts auf Ketzerei" am Boden zerstört: Er schnitt ihn von der Kirche ab, die er liebte; er wußte, daß ihm ketzerische Gedanken niemals auch nur durch den Kopf gegangen waren; der Richterspruch war ein zweiter Irrtum seitens einer Institution, auf welche die Menschen bei ihrer Suche nach der Wahrheit aufblickten; und sein eigenes Lebenswerk war durch die Verurteilung gebrandmarkt. Er ließ sich dennoch nicht von seinem Weg abbringen, denn er betrachtete die kopernikanische Astronomie genau wie alles andere in der Wissenschaft, wie er sie sah, als absolut und völlig wahr. Das erhellt unmißverständlich ein Brief, den er 1641, in seinem letzten Lebensjahr, an einen Freund diktierte. Darin sagt er, er sei ohne Hoffnung auf Belohnung und ohne jede Furcht vor weiterer Bestrafung:

> „Daß das kopernikanische System falsch sei, darf um keinen Preis bezweifelt werden, vor allem nicht von uns Katholiken, denen die unerschütterliche Autorität der Heiligen Schrift von den großen Meistern der Theologie ausgelegt wird. Diese versichern uns einhellig, daß die Erde feststeht und die Sonne sich um sie bewegt. Die Vermutungen, die Kopernikus und seine Anhänger für die gegenteilige Annahme geäußert haben, werden alle beiseite geschoben vom schlagkräftigsten aller Argumente, nämlich dem von der Allmacht Gottes. Da er imstande ist, auf viele, ja auf unendlich viele Weisen geschehen zu lassen, was aus unserer Sicht und Beobachtung nur auf eine ganz

bestimmte Weise geschieht, dürfen wir nicht so tun, als könnten wir ihm ins Handwerk pfuschen und hartnäckig etwas behaupten, was wir vielleicht falsch sehen.

Und genau wie ich die Beobachtungen und Vermutungen des Kopernikus für unzureichend halte, so halte ich ebenso und noch mehr diejenigen von Ptolemäus und Aristoteles und ihren Anhängern für trügerisch und irrig. Denn diese enthalten Unstimmigkeiten, die leicht aufgezeigt werden können, ohne daß man dazu über die Grenzen des menschlichen Vernunftdenkens hinauszugehen braucht." (GW 417)

Was es bedeutet, alle Systeme zu verwerfen, hat Galilei in seinem *Dialog* gesagt: „Es gibt kein Geschehnis in der Natur, auch nicht das einfachste, das von den Theoretikern jemals vollkommen verstanden werden wird." Galilei war der Wissenschaft „als einer Methode des Vernunftdenkens, dessen der Mensch mächtig ist", zutiefst verbunden, aber die Art Wissenschaft, die er vorschlug, unterschied sich in den entscheidenden Punkten von derjenigen, die glaubt, jedes Problem müsse vollständig und endgültig gelöst werden. Die Wissenschaft, die mit der Methode einer sukzessiven Annäherung unentwegt nach der Wahrheit über das Universum sucht, läßt sich von nichts übertreffen. Wie es möglich ist, daß man nach etwas sucht, von dem man weiß, daß man es nie erreichen kann, und sich dennoch sicher ist, daß man ihm jedes Jahr näher kommt als im vorigen, ist eine philosophische und keine naturwissenschaftliche Frage. Die Antwort des Naturwissenschaftlers liegt im Bereich der Theorie und Praxis des Messens und in der Theorie des Irrtums, mittels derer man den Präzisionsgrad der Messung beurteilen kann, auch wenn die Messung selbst nie absolut genau sein kann.

Galileis eigenes Gewissen war rein, sowohl als Katholik wie als Naturwissenschaftler. Bei einer Gelegenheit schrieb er fast verzweifelt, zuweilen würde er am liebsten sein gesamtes wissenschaftliches Werk verbrennen; aber nie dachte er daran, seinem

Glauben den Rücken zu kehren. Es war die Kirche, die Galilei den Rücken kehrte – mit allen schwerwiegenden Folgen, die das für sie hatte. Galilei machte das nur einigen besonders verqueren Geistern in der Kirche zum Vorwurf. Als Nicole Fabri de Peiresc, ein hervorragender französischer Privatgelehrter, der 1603 in Padua bei Galilei Vorlesungen gehört hatte, an Galilei schrieb, er wolle sich an die höchsten Kirchenvertreter in Rom wenden, um sie um Gnade für ihn zu bitten, antwortete Galilei:

> „Der Brief Eurer Exzellenz ist voller Gefühle der Hochachtung und des Wohlwollens, und er läßt mir das Glück meines Unglücks immer noch süßer erscheinen und in gewisser Weise die Verfolgungen durch meine Feinde segnen, denn ohne sie wäre mir das verborgen geblieben, was man am Menschen am meisten bewundern muß, sowie auch die gütige Zuneigung meiner edlen Gönner und vor allem die Liebe Eurer Exzellenz... Sie haben Mitleid mit meiner Lage, in der ich zusätzlich zu dem genannten Grund auch nicht wenig Trost in der Überzeugung finde, daß es nicht ein allgemein herrschender Geist von immer größerer Grausamkeit ist, der mich weiterhin unterdrückt, sondern eher, wenn ich so sagen darf, eine Art offizieller Politik seitens derer, die ihren ursprünglichen Irrtum verhehlen wollen, einem unschuldigen Mann Unrecht getan zu haben. So machen sie mit ihren Verletzungen und Mißhandlungen weiter, damit die Menschen den Eindruck erhalten, weitere schwerwiegende Vergehen, die man nur nicht öffentlich nenne, könnten vorliegen und den Angeklagten mit noch mehr Schuld belasten." (L 52)

Ebenfalls an Peiresc schrieb er später:

> „Ich habe gesagt, daß ich auf keine Strafmilderung hoffe, und das, weil ich kein Verbrechen begangen habe. Wenn ich geirrt hätte, könnte ich auf Gnade oder Vergebung hoffen; denn Ver-

gehen der Untertanen bieten dem Fürsten die Gelegenheit, Erbarmen und Nachsicht zu üben. Wenn folglich ein Mensch zu Unrecht zur Strafe verurteilt ist, wird es notwendig, daß seine Richter größere Strenge walten lassen, um zu vertuschen, daß sie selbst das Gesetz falsch angewendet haben. Das setzt mir weniger zu, als die Leute für möglich halten werden, denn ich habe zwei Quellen ständigen Trostes. Die erste ist, daß sich in meinen Schriften nicht der geringste Schatten der Unehrerbietigkeit gegen die Heilige Kirche findet; und die zweite ist das Zeugnis meines eigenen Gewissens, das nur ich und Gott im Himmel durch und durch kennen. Und er weiß, daß in dieser Sache, für die ich leide, viele vielleicht mit mehr Bildung gesprochen hätten, aber keiner, nicht einmal die alten Kirchenväter, mit mehr Gottesfurcht oder größerem Eifer für die Kirche als ich." (PLG 278f.)

Die Sache, für die Galilei litt, war aus seiner eigenen Sicht eindeutig nicht der Kopernikanismus, sondern eine vernünftige Theologie und ein konsequenter, engagierter christlicher Glaube. Die „falsche Anwendung des Gesetzes", von der er sprach, bezog sich offenbar nicht auf seine Verurteilung von 1633, die seines Erachtens ein Irrtum in den Fakten gewesen war. Was Galilei schmerzte, war der Irrtum der Theologen von 1616. Seine Bestrafung war ein indirektes Ergebnis dieses Irrtums, der in seinen Augen in einer falschen Anwendung des von den Kirchenvätern aufgestellten Gesetzes bestand, die weise die Wissenschaft von der Religion getrennt hatten.

Galilei sagte weiter, wenn die Betrügereien und listigen Manöver, die 1616 in Rom gegenüber der Kirchenführung angewandt worden seien, aufgedeckt werden könnten, würde die Aufrichtigkeit seiner Absichten offen zutage treten. Da die höchsten Kirchenämter von Theologen besetzt waren, mußten die Betrügereien und listigen Manöver von anderen Leuten ausgegangen sein; er identifizierte sie im *Brief an Christina* als die Professoren der Philosophie. Ebenso kann sich die genannte „Aufrichtigkeit seiner Absichten“ nicht darauf beziehen, daß er Kopernikus zum Durchbruch verhelfen wollte, sondern nur auf sein entschiedenes Eintreten für die Freiheit der wissenschaftlichen Forschung und seine Warnung vor Eingriffen seitens der Kirche.

Als Galilei am 9. Januar 1642 in Arcetri starb, war sein Gewissen rein. Wenige Tage danach schrieb Lukas Holste, ein Mitarbeiter von Francesco Barberini, dem wichtigsten der drei Kardinäle, die ihre Unterschriften nicht unter Galileis Verurteilung gesetzt hatten, an einen Freund in Florenz:

> „Heute ist die Nachricht vom Verlust unseres Signor Galilei eingetroffen, die nicht nur Florenz, sondern die ganze Welt erschüttert, ja unser ganzes Jahrhundert, das von diesem göttlichen Mann mehr Glanz erhalten hat als von fast allen anderen gewöhnlichen Philosophen. Jetzt, da der Neid ein Ende hat, wird die Erhabenheit dieses Intellekts anfangen, bekannt zu werden, und so wird er der gesamten Nachwelt als Führer bei der Suche nach der Wahrheit dienen.“ (GW 436)

Literaturhinweise zum Weiterlesen

Die Literatur über Galilei ist sehr umfangreich und in vielen Sprachen verfaßt. Seine Werke und seine Korrespondenz sind zugänglich in *Le Opere di Galileo Galilei*, die von Antonio Favaro herausgegeben, 1890–1910 in Florenz veröffentlicht und mit Zusätzen in späteren Jahren wieder nachgedruckt worden sind. Bibliographien wurden von A. Carli und Favaro für die Jahre 1588 bis 1895 und von G. Boffito für 1896 bis 1940 erstellt und bis 1964 von E. McMullin in *Galileo Man of Science* (New York 1967) fortgeführt.

Besonders empfehlenswert sind die folgenden englischsprachigen Bücher über Galilei:

Butts, R. E. und Pitt, J. C. (Hrsg.): *New Perspectives on Galileo,* Boston 1978.

Clavelin, Maurice: *The Natural Philosophy of Galileo,* Cambridge, Mass., 1974.

Drake, Stillman: *Galileo Studies,* Ann Arbor 1970.

Drake, Stillman: *Galileo at Work: His Scientific Biography,* Chicago 1978.

Koyré, Alexandre: *Galileo Studies,* Hassocks 1978 (orig.: Études Galiléenes, Paris 1939).

Langford, J. J.: *Galileo, Science, and the Church,* Ann Arbor 1971.

Shapere, Dudley: *Galileo: A Philosophical Study,* Chicago 1974.

Shea, W. R.: *Galileo's Intellectual Revolution,* New York 1972.

Wallace, William A.: *Galileo and his Sources,* Princeton 1984.

Deutschsprachige Literatur *

Werke von Galilei

Siderius Nuncius (Nachricht von neuen Sternen). Dialog über die Weltsysteme (Auswahl), Vermessung der Hölle Dantes. Marginalien zu Tasso. Hrsg. und eingeleitet v. Hans Blumenberg, Frankfurt/M. 1980.

Dialog über die beiden hauptsächlichsten Weltsysteme, das ptolemäische und das kopernikanische. Aus d. Ital. u. erl. v. Strauss, Emil. Mit einem Beitr. v. Einstein, Albert. Vorw. v. Drake, Stillman. Nach d. Ausg. v. 1891 hrsg. v. Sexl, Roman/Meyenn, Karl von, Stuttgart 1982.

Unterredungen und mathematische Demonstrationen über zwei neue Wissenszweige, die Mechanik und die Fallgesetze betreffend 1.–6. Tag. Zusammengefaßter Reprint von Band 11, Band 24 und Band 25. Vorw. v. Trageser, Wolfgang. Übers. u. hrsg. v. Oettingen, Arthur von, Frankfurt/M. 1995.

Schriften, Briefe, Dokumente. Herausgegeben von Anna Mudry, 2 Bde., München 1987.

Sekundärliteratur

Blumenberg, Hans: *Die Genesis der kopernikanischen Welt,* Frankfurt/M. 1975.

Brandmüller, Walter: *Galilei und die Kirche. Ein „Fall" und seine Lösung.* Hrsg. v. Nikolaus Lobkowicz, Aachen 1994.

Fischer, Klaus: *Galileo Galilei,* München 1983.

---

* Ausgewählt von Professor Dr. Franz Josef Wetz

Fölsing, Albrecht: *Galileo Galilei. Prozeß ohne Ende. Eine Biographie,* Reinbek bei Hamburg 1996.
Freiesleben, Hans Chr.: *Galileo Galilei 1564–1642. Physik und Glaube an der Wende zur Neuzeit,* Stuttgart 1969.
Galileo Galilei. *Leben & Werk.* Hrsg. v. Gebler, Karl von, Essen 1997.
Gebler, Karl von: *Galileo Galilei und die römische Curie.* 2 Bde. in 1 Bd. (Neudr. d. Ausg. 1876–1877), Vaduz 1968.
Grünbein, Durs: *Galilei vermißt Dantes Hölle und bleibt an den Maßen hängen.* Schriften 1989–1995, Frankfurt/M. 1996.
Hemleben, Johannes: *Galileo Galilei,* Reinbek bei Hamburg 1969.
Hermann, Armin: *Weltreich der Physik. Von Galilei bis Heisenberg,* Diepholz 1991.
Koyré, Alexandre: *Leonardo, Galilei, Pascal. Die Anfänge der neuzeitlichen Naturwissenschaft,* Frankfurt/M. 1998.
Kreibich, Rolf: *Die Wissenschaftsgesellschaft. Von Galilei zur High-Tech-Revolution,* Frankfurt/M. 1993.
Langenberger, Birgit: *Die Metaphysik der Mechanik. Bemerkungen über zwei Jugendschriften des Galileo Galilei,* Wien 1995.
Reston, James: *Galileo Galilei,* München 1998.
Schirrmacher, Thomas: *Galilei-Legenden. Und andere Beiträge zu Schöpfungsforschung, Evolutionskritik und Chronologie der Kulturgeschichte,* Bonn 1995.
Schmutzer, Ernst/Schütz, Wilhelm: *Galileo Galilei,* München 1989.
Strathern, Paul: *Galilei und das Sonnensystem,* Frankfurt/M. 1999.
Wetz, Franz Josef: *Lebenswelt und Weltall,* Stuttgart 1994.
Wohlwill, Emil: *Galilei und sein Kampf für die copernicanische Lehre.* 2 Bde. (Nachdr. d. Ausg. Leipzig 1909/1926), Vaduz 1982.

Index

Accadèmia dei Lincei 83, 89–90, 113, 115, 121
Ammannati, Giulia 43
Arcetri 125, 130–131, 147
Archimedes 37–38, 46, 48–49, 65, 86
Ariost, Ludovico 140
Aristoteles 10, 25–31, 34–36, 40–41, 44–45, 48–52, 56, 62, 64–69, 80, 83–84, 86–88, 90, 94, 107, 118, 128, 132–134, 136–137, 144
Astronomie 15, 17, 32–33, 36, 62–64, 66, 69, 90–91, 93, 95, 98, 101–105, 107, 117–120, 141, 143
Atomismus 40
Augustinus 94, 101, 107

Bacon, Francis 28–29, 34
Barberini, Francesco, Kardinal 147
Barberini, Maffeo, Kardinal (Papst Urban VIII.) 85, 115, 121
Baronius, Cesare, Kardinal 54–55
Bellarmin, Robert, Kardinal 53–54, 83, 94, 100–101, 104, 108–111, 116, 122–124, 141
Benedetti, Giovanni Battista 36
Berkeley, George 13, 77
Bernegger, Matthias 127, 131
Beschleunigung 30, 38, 51, 60, 65
Bewegung 10, 16, 27–28, 30, 37–38, 40, 46, 58, 60–61, 63–64, 66, 71–73, 80, 84, 89, 91, 105, 112, 118–120, 125, 129, 131, 133–134
Bewegung der Erde 56–57, 91–92, 101, 104, 110, 116–120, 141
Bibel 22–23, 55–56, 94, 96–99, 101–102, 106–107, 110–111, 128, 141
Bologna 52, 75–76, 99
Brahe, Tycho 36, 56, 67, 80, 90
Brief an Castelli 96, 99–101
Brief an Christina 22, 101–102, 128, 130, 141, 143, 146
Bruno, Giordano 40, 54

Caccini, Thomas 98–101, 103
Capra, Baldessar 67, 70–71
Castelli, Benedetto 89, 95–96, 98–100, 125
Cavalieri, Buonaventura 125
Cesi, Federico 83, 99, 121
Clavius, Christopher 48, 75–77, 81, 83
Colombe, Ludovico delle 81, 84, 95, 118
Comte, Auguste 40
Cremonini, Cesare 39, 52, 68, 76, 83, 97, 118
Crombie, Alistair 40

Dante 25, 47–48
De motu 49, 51, 58
Demokrit 40
Descartes, René 10, 28–30, 34, 73, 88, 115, 131
Dialog 34, 69, 78–80, 107, 117, 120, 124, 127–131, 136, 138, 144
Dichte 85
Dini, Piero 100–101
Diodati, Elia 128, 130
Duhem, Pierre 37

Edikt von 1616 115–116, 119
Eis 84
Elemente 26–27, 45, 66
Elzevir, Louis 128–130
episteme 29, 44, 62, 134
Erde 16–17, 27–28, 49, 56, 67, 75, 80–81, 89, 92–93, 96, 101–102, 105, 109, 119–120, 124, 135–136, 138–143
Eudoxos 27
Euklid 45, 66
Experiment 38, 46, 49–51, 59, 61, 69, 71–72, 79, 84, 86, 116

Fabricius von Acquapendente 52, 54, 90
Fall 37, 39, 65, 133
Florenz 23, 43, 46–47, 57–58, 69, 74, 80, 82–83, 89, 95, 97, 111, 129, 147
Foscarini, Paolo Antonio 101, 110

Galilei, Livia 57
Galilei, Michelangelo 57–58
Galilei, Vincenzio 43–45, 47, 69
Galilei, Virginia 52, 125
Gamba, Marina 57, 80
Gassendi, Pierre 73
Geschosse 71, 133
Gewißheit 32–33, 39, 64
Gezeiten 54, 56–57, 92–93, 104, 116–117, 119–121
Grassi, Orazio (Lotario Sassi) 46, 112–113
Grazi, Vincenzio di 84
Guiducci, Mario 112
Guldin, Paul 90

Harvey, William 52, 54
Hipparchus 62
Hobbes, Thomas 131
Holste, Luke 147
Horky, Martin 75
Hume, David 138
Huxley, Thomas Henry 41
Huygens, Christian 60, 82, 131
Hydrostatik 85–86
Hypothese 16, 49, 61, 91, 101, 107–108, 117, 123

Inquisition 9, 16, 18, 21, 54, 83, 100, 103–104, 107–110, 117, 121–122, 124, 126, 131

Jesuiten 45–46, 48, 53–54, 76, 89–90, 97, 100, 103, 109, 112, 130
Johannes Paul II. 143
Josua 96, 98
Joyeuse, François de, Kardinal 81
Jupiter 75, 111
Jupitermonde 75, 82, 86, 91, 96–97

Kepler, Johann 56–57, 72, 75, 82, 112, 119–120
Ketzerei 22–23, 54, 95, 102–103, 124, 143
Komet 46, 56, 67, 112–113, 135, 140

Kompaß 57
Kopernikus 16–18, 21, 36–37, 49, 54, 56, 80–81, 91–92, 95, 101, 110, 113, 116, 119, 122–123, 143–144, 147
Kosmologie 27, 45, 62, 93, 99, 106
Koyré, Alexandre 38–39

Längengrad 92, 111–112
Laplace, Pierre Simon de 121
Libri, Giulio 76
Liceti, Fortunio 135–138, 141
Livorno 52
Locke, John 40, 115
Lorenzini, Antonio 68
Lukrez 115

Magini, Giovanni Antonio 48, 52, 75
Manutius, Aldus 35
Materie 69, 88, 129, 131
Mathematik 11, 32–33, 38–39, 45, 47, 52, 61, 64, 69–70, 86–88, 95, 113–114, 129, 140
Mayr, Simon 67, 70, 91
Mazzoni, Jacopo 48, 56
Medici, Cosimo II dé' 69–70, 74–76, 84, 95, 103, 121
Medici, Ferdinando II dé' 121
Medici, Leopoldo dé' 135
Mercuriale, Girolamo 48
Merkur 16
Mersenne, Marin 127
Messung 10–11, 39, 61, 63–66, 69, 92, 97, 144
Micanzio, Fulgenzio 128, 130
Mittelalter 36–37, 59, 65, 79
Mittelmeer 120
Mond 27, 67, 74, 76–82, 89, 91–93, 103, 111, 118, 136, 138–139
Monte, Guidobaldo 36, 48, 59, 103
Musik 43–44, 46–47, 140

Newton, Isaac 10, 71–72, 82, 88, 92–93, 121, 131
Nützliche Wissenschaft 36, 133–134, 137

Olschki, Leonardo 17
Orsini, Alessandro, Kardinal 104

Padua 39, 47–48, 52–55, 57–58, 68, 70, 73–74, 76, 80, 104, 112, 128, 145
Paradoxien 66
Parallaxe 57, 67, 92
Paul V. 53, 83, 103–104, 111
Peiresc, Nicole Fabri de 145
Pendel 59–60, 92
Piccolomini, Ascanio 124
Pinelli, Giovanni Vincenzio 53–55
Pisa 17, 43, 47–50, 52, 75–76, 84, 95, 99–100, 111
Platon 27, 38, 40, 48, 56, 64, 66, 87–88, 96, 113
Praktische Wissenschaft 35
Ptolemäus 49, 66, 80, 144
Pulsilogium 59

Querengo, Antonio 55, 104
Quintessenz 27, 67–68, 78

Randall, John H., Jr. 39
Religion 9, 15, 22–23, 54, 94, 125, 142, 146
Ricci, Ostilio 45, 70
Rocco, Antonio 128–129
Rom 21, 48, 53, 75–76, 81, 83, 90, 97, 99–101, 103–104,

112–113, 115–116, 121–126, 131, 145–146
Ruzzante 41, 55

Saggiatore 31, 46, 113, 115
Sagredo, Giovanfrancesco 58, 118
Salviati, Filippo 84–85, 118
Santorio, Santorre 58–59
Santucci, Antonio 17
Sarpi, Paolo 53–54, 61, 67, 70, 73–74, 128
Sarsi *siehe* Grassi
Saturn 80
Scheiner, Christopher 89–90, 119, 122
Semantik 64–65, 141
Sidereus nuncius 13, 75, 90, 97
Siena 46, 124–125, 127, 129
Simplicio 118, 134, 139
Sinne 22, 26, 38, 41, 50, 72, 106, 114–115, 135, 137
Sonne 16, 56, 79–80, 89, 91, 93, 96–97, 99, 102, 104, 107, 109–111, 118–120, 136, 139–141, 143
Sonnenflecken 51, 83, 89–91, 97, 119, 122
Spiegel 78–79
Stern 57, 67–68, 70, 75, 84, 96–97, 135, 141
Stevin, Simon 36

Tartaglia, Niccolò 36
Tasso, Torquato 140
techne 29, 44, 62–63, 132, 134
Teleskop 54, 56, 71, 74–77, 80, 83, 112
Theologen 15, 25, 35, 72, 89, 93, 96, 100, 102–103, 105–107, 146
Thermoskop 58
Trient 98

Universität 10, 20, 25–26, 28, 30, 35–36, 38, 40, 45–46, 53, 55, 62, 76, 83, 98–99
Universität von Bologna 48
Universität von Padua 39, 52, 55, 58, 135
Universität von Pisa 43–44, 48, 52, 95, 99
Urban VIII
siehe Barberini, Maffeo

Valerio, Luca 49
Vallombroso 43
Venedig 35, 43, 53, 58, 70, 73, 83, 111, 128, 130
Venus 16, 80, 82, 90, 93
Vesalius, Andreas 52
Viviani, Vincenzio 135

Welser, Mark 89–90
Wissenschaft 2, 9–10, 15–16, 18, 22–23, 25, 28–42, 44, 50, 58, 60–64, 69, 79, 81, 86, 94, 96, 102, 106, 114–116, 128, 132–134, 140, 142–144, 146
Wissenschaftliche Revolution 29, 33, 37

Zabarella, Giacomo 39, 52
Zarlino, Gioseffe 43–44
Zeno 66
Zwei neue Wissenschaften 129

Menschen und Ideen, die unsere Welt verändert haben

Wilhelm Geerlings
Augustinus

Augustinus gilt vielen als der „erste moderne Mensch“. Seine Grundgedanken werden im Zusammenhang seiner bewegten Biographie deutlich.

Thomas Buchheim
Aristoteles

Niemand hat unser heutiges wissenschaftliches Denken so sehr geprägt wie Aristoteles.

Martin Gessmann
Hegel

„Was vernünftig ist, ist wirklich, und was wirklich ist, das ist vernünftig.“ Seine Denkmethode, die auch sehr komplexe Sachverhalte zu fassen vermag, bleibt bis heute aktuell.

Klaus Fischer
Einstein

Mit seiner Relativitätstheorie hat er unser Weltbild revolutioniert. Stationen im Leben des großen Physikers und charismatischen Pazifisten und die Bedeutung seiner grundlegenden Einsichten.

Michael Bordt
Platon

Eine prägnante Einführung in Platons Ideen, in Hintergründe und Konsequenzen seines Denkens und eine kleine Einleitung ins Philosophieren überhaupt.

Vittorio Hösle / Christian Illies
Darwin

Darwin hat das Bild des Menschen von sich selbst, von der Weltordnung und vom Leben revolutioniert. Eine Einführung in Darwins Leben und Werk, die die bleibende Relevanz, aber auch die Grenzen seiner Ideen aufzeigt.

Anthony Stevens
C. G. Jung

C. G. Jungs Tiefenpsychologie ist zum festen Bestandteil unseres Denkens über die menschliche Seele geworden. „Sehr gelungen und ausgewogen. Etwas vom Besten, was ich je von Jung in dieser Kürze gelesen habe" *(Verena Kast)*.

Tom Sorell
Descartes

Sein Satz „Ich denke, also bin ich" war epochemachend. Er gilt als Vater neuzeitlichen Denkens.

Ernstpeter Maurer
Luther

Martin Luther hat unser Verständnis von Freiheit, Vernunft, Gnade und Glauben bis heute geprägt und unsere Wirklichkeit nachhaltig verändert.

Anthony Kenny
Thomas von Aquin

Thomas von Aquin hat die Stellung des Menschen in der Schöpfung neu bestimmt und Antike und Christentum in einer einzigartigen Synthese zusammengedacht.

C. C. W. Taylor
Sokrates

Ohne Sokrates hätte sich das westliche Denken anders entwickelt. Aufgrund seiner moralischen und intellektuellen Integrität gilt er bis heute als Idealtypus des philosophischen Lebens.

Richard Tuck
Hobbes

Überraschende Aspekte eines großen politischen Denkers – die spannende Einführung in das Leben eines der wichtigsten Philosophen der frühen Neuzeit.

Michael Tanner
Nietzsche

Mit Sätzen wie „Gott ist tot" formulierte Friedrich Nietzsche einen Nihilismus, dessen Auswirkungen auf das 20. Jahrhundert immens waren. Ein „Erdbeben" seiner Epoche (Gottfiried Benn).

A. C. Grayling
Wittgenstein

Wittgensteins originelles und faszinierendes Denken reichte weit über die Grenzen der Philosophie hinaus und machte weltweit Schule. Eine glänzende Einführung, „fundiert und klar" *(Times)*.

Roger Scruton
Kant

Immanuel Kants Philosophie begründete eine neue Sicht des Menschen. Was Freiheit, Vernunft, Moral, was objektiv und wirklich ist – Kant bleibt die Schlüsselfigur modernen Denkens.

Anthony Storr
Freud

„Wir alle »sprechen« Freud, ob korrekt oder nicht. Er ist und bleibt unvermeidlich" (Peter Gay).

Michael Inwood
Heidegger

Der einflußreichste deutsche Denker des 20. Jahrhunderts: Martin Heidegger hat die menschliche Existenz in der modernen technikbestimmten Welt grundlegend neu gedacht.

Robert Wokler
Rousseau

Jean-Jacques Rousseau – eine zentrale Gestalt der europäischen Aufklärung und auch ihr gewaltigster Kritiker. Ein mächtiger Denker, Pädagoge und immer noch aktueller Gesellschaftskritiker.

Iring Fetscher
Marx

Mit seinen Analysen und Visionen wurde Karl Marx zum Vordenker moderner Revolutionen. Seine Fragen zu Gesellschaft und Individuum, Ökonomie und Arbeit sind unverändert aktuell.